餐饮行业职业技能培训教程

软欧面包制作教程

主编 李杰

副主编 严展平 胡轮

摄影师 谢广好

中国轻工业出版社

Soft
bread

图书在版编目（CIP）数据

软欧面包制作教程 / 李杰主编. —北京：中国轻工业出
版社，2019.6

ISBN 978-7-5184-1960-9

Ⅰ.①软… Ⅱ.①李… Ⅲ.①面包 – 制作 – 教材
Ⅳ.① TS213.2

中国版本图书馆 CIP 数据核字（2018）第 096161 号

责任编辑：史祖福　方晓艳　责任终审：劳国强　　整体设计：锋尚设计
策划编辑：史祖福　　　　　　责任校对：吴大鹏　责任监印：张　可

出版发行：中国轻工业出版社（北京东长安街6号，邮编：100740）

印　　刷：北京富诚彩色印刷有限公司

经　　销：各地新华书店

版　　次：2019年6月第1版第2次印刷

开　　本：889×1194　1/16　印张：12.5

字　　数：160千字

书　　号：ISBN 978-7-5184-1960-9　定价：88.00元

邮购电话：010-65241695

发行电话：010-85119835　传真：85113293

网　　址：http://www.chlip.com.cn

Email：club@chlip.com.cn

如发现图书残缺请与我社邮购联系调换

190497S1C102ZBW

前 言
Preface

　　软欧面包，即松软的欧式面包。欧式面包是欧洲人常吃的面包，法国的长棍面包是欧式面包的典型代表，是许多欧洲家庭每天必吃的食物。一般来说，欧式面包个头都比较大，分量较重，表皮金黄而硬脆，面包内部组织没有海绵似的柔软。欧式面包口味多为咸味，且很少加糖和油，以高纤、低糖、低油、低脂为特点，注重谷物的天然原香，这是欧式面包相对国内面包来说最大的区别。

　　国内一直流行的是口感软糯，内部结构似海绵的高糖、高油、高热量的日式面包。随着经济社会的发展，人们生活水平的提高，人们对食物的健康性和天然性的关注度越来越高，也越来越追求如何吃得更健康。所以，混合着高纤、杂粮、坚果等健康材料的欧式面包慢慢步入现代人的生活。不同于甜而软糯的日式面包和大而硬的传统欧式面包，软欧面包其实是吸收了两者的长处，既吸收了传统欧式面包的健康基因，又拥有日式面包柔软的内核，外硬内软，是一种更适合中国人口感偏好和健康饮食的面包。

　　近年来，软欧面包成为面包烘焙行业的流行新趋势、新食尚。在追求健康烘焙、追求新鲜食尚、追求个性化口味的全新生活方式已经形成的情况下，倡导优质品位生活，需要高层次健康、新颖的面包产品。与其他相关书籍相比，本书最为突出的特点在于独特的配方、描述的方式以及常见问题的解答，生活化的表达方式使得本书内容通俗易懂，读者在尝试每个配方时更易获得成功。

　　本书的面包配方简单易学，几乎涵盖了软欧面包的所有种类，全书按面包的不同款式和用途分为五个部分，即基础软欧面包、撒粉类艺术装饰面包、开刀类艺术装饰面包、编织类艺术装饰面包和包面类艺术装饰面包，共计 67 款。面包材料配比详细、制作步骤清晰，并配有精美的实物照片，让读者能够轻松直观地掌握不同面包的做法。

　　本书集知识性、专业性和学习性、欣赏性于一体，既适合作为专业面包制作从业人员的教材，也适合面包制作爱好者的自学读物。

　　由于编者水平有限，缺点遗漏在所难免，书中缺点、不妥之处，恳请专家、同行及广大读者批评指正。

编者

教师简介
Teacher Profile

—— 李 杰 ——

英文名： Jack Lee
国家级技师，"西式面点师"
高级技师

现　任： "焙蕾面包蛋糕培训学校"技术总监、"LEO LIND"创新顾问。

企业顾问： "联合利华"烘焙产品研发顾问，"正大食品"烘焙产品研发顾问。

个人经历： 师从德国百年世家传人 Markus Lind，南派软欧代表,精通各类面包产品制作与研发设计，2006 年至 2014 年曾担任上海多家五星级酒店及高端烘焙连锁饼店主厨。

授课风格： 十余年烘焙实战技术与经验，深入烘焙教学机构和线下门店的产品研发，对市场和产品有自己独特眼光和心得，根据多年市场调研，自创零基础与有基础两种教学模式，活学活用，举一反三，注重学员理论解析和实践操作。

个人荣誉： 2010 年，受邀《天下美食》制作的德国"黑森林蛋糕"被《中国日报》报道，并被多家主流媒体转载。

2012 年，湖南卫视"面包大师 VS 模型高手"与德国著名烘焙大师马丁·琳德一起制作德式面包。

严展平

英文名：Bluce Yan

国家级技师，"糕点、面包、
烘焙"高级技师

现　　任："焙蕾面包蛋糕培训学校"面包主教。

个人擅长：日式面包、欧式面包、软欧面包、丹麦面包及
各种艺术造型面包。

企业顾问：武汉"宁の厨房"面包技术指导，柳州"包小
姐的茶先生"面包技术指导，宜昌"紫云西饼"
面包技术指导。

个人介绍：2010年至2016年曾担任多家烘焙门店主厨。

授课风格：理论与实践结合，善于培养学生动手能力，现
学现用，发散思维。

胡　轮

英文名：Henry Hu

现　　任："焙蕾面包蛋糕培训学校"面包主教。

个人擅长：日式面包、欧式面包、软欧面包、丹麦面包及
各种艺术造型面包。

个人介绍：2012年至2016年曾担任多家烘焙门店主厨。

授课风格：认真负责，善于发现每个学生的资质，相应
地更改教学方案，个性化、差异化教学，学
以致用。

行业寄语
Profession Guru

上海 Robert Lind&Leo Lind
创始人／CEO
陈梦凝

工匠精神的传承需要有耐心、爱心、包容心和谦卑之心。我欣赏李杰师傅的地方不仅是他高超的烘焙技艺，更是其孜孜不倦如饥似渴的学习精神，并将其所能毫无保留地给予其学生的育人情怀。烘焙业需要更多真正如李杰大师这样的好导师。

广东白燕粮油实业有限
公司 董事长
钟鹏飞

一个师从欧洲百年家族烘焙品牌主厨、精通软欧面包原料及工艺秘笈的匠人级大师。

广东克劳德食品有限
公司 董事长
尹章保

30 年烘焙行业沉淀，热爱产品，热爱烘焙，一个不忘初心的烘焙匠人。

山东远腾食品有限公司
董事长
王腾

每个人都有一个梦，那就是将最优质的食材准备就绪后，通过我们在"焙蕾"学到的高超手艺做出心仪的美食并献给爱人！也许这就是爱的幸福味道。

江西华辰食品有限公司
总经理
钟雄斌

非常独特的欧包工艺，许多国际原料食品企业跟李老师合作，目的是创造出最适合中国消费者喜好的面包，这对于烘焙新生代，高端面包门店和家庭烘焙极具影响力。

无锡贝克威尔器具厂＆
风和日丽＆法焙客
总经理
刘扬

软欧作为亚洲烘焙新流行，兼具欧包低糖低油健康特点的同时，比欧包更加柔软友好，满足消费者的健康追求，更征服了亚洲人的味蕾。本书将带你感受软欧的独特魅力！愿李杰老师延续软欧发展之路，引领与实现越来越多的烘焙梦想！

行业资讯《烘焙地球村》
创始人
张力

从进口外国书籍，到现在的师傅们可以自主出版适合国内师傅阅读的书籍，这一步，是质的飞越。感谢李杰师傅的辛苦付出！

广州新麦机械设备
有限公司 总经理
刘海峰

精雕细琢，精益求精，独具匠心是焙蕾人一直传递的精神！为烘焙增添独特的色彩是"焙蕾"一直的使命！焙蕾人一直以勤劳、创新、奋进的态度将烘焙精品传递到世界各地！

行业资讯《烘焙天地》
创始人
皮文

每一次食材在手中的舞动，然后在炉中蜕变如魔法，孜孜不倦地钻研，是焙蕾人对美食的虔诚。

行业资讯《全球烘焙指南》
创始人：吕金亮
总编辑：崔洪

软欧包作为面包的第四大品类已成为城市日常消费的主动力，因为中国人"吃软不吃硬"，因为柔软更加健康。李杰师傅深扎软欧面包创意、造型与口味研发一线多年，以推动烘焙健康事业为己任，值得崇拜，实力推荐！

目　录
Contents

基础软欧面包制作

艺术装饰面包制作（撒粉类）

艺术装饰面包制作（开刀类）

艺术装饰面包制作（编织类）

艺术装饰面包制作（包面类）

基础软欧
面包制作

牛奶高钙面包

烘烤标准

| 🔥 上火 230℃ | 🔥 下火 190℃ | 🕐 时间 8分钟 | 🍃 蒸汽 2秒 |

牛奶高钙馅

原材料	重量
爱克斯奎萨奶油芝士	200 克
新西兰奶粉	50 克
细砂糖	100 克
炼乳	10 克

馅料部分

 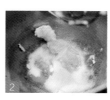 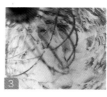 

1. 准备好奶油芝士、新西兰奶粉、细砂糖、炼乳，放入不锈钢盆中备用。
2. 将奶油芝士与细砂糖混合拌匀。
3. 加入新西兰奶粉与炼乳，拌匀。
4. 牛奶高钙馅。

主面团

原材料	重量
白燕特级高筋粉	1000 克
膳食纤维素粉	40 克
细砂糖	70 克
低钠盐	8 克
汤种	100 克
新鲜酵母 / 干酵母	24 克 / 12 克
水	720 克
炼乳	20 克
淡奶油	100 克
黄油	30 克

面团制作

慢速搅拌	2 分钟
快速搅拌	8 分钟
出缸面温	25℃
面团分割	230 克
发酵温度	32℃
发酵湿度	75%

面包制作部分

 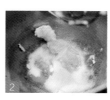 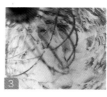 
  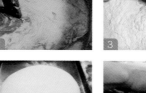 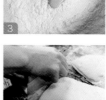 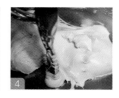

1. 依次准备好高筋粉、干酵母、膳食纤维素粉、盐、汤种和细砂糖，一起称。水、炼乳、淡奶油、黄油单独称。
2. 先倒入高筋粉、干酵母、膳食纤维素粉、盐、汤种和细砂糖，再加入水、炼乳、淡奶油等。
3. 先慢速搅拌 2 分钟，再快速搅拌 8 分钟左右。
4. 打到面筋扩展后再加入黄油，慢速把黄油搅拌均匀，充分溶入面团。
5. 把面团拿出来，放在撒高筋粉的烤盘上，面温为 25℃，进入醒发箱，温度设为 32℃，相对湿度设为 75%。
6. 发酵 40 分钟左右，体积是原来的两倍时拿出。
7. 分割面团，230 克一个。
8. 用手轻拍，排出三分之一的气体。

9. 从上收三分之一到中间，按紧。

10. 再从下收三分之一到中间，按紧。

11. 用手从一个方向推压，收口。

12. 从中间用力，均匀地往两边搓成一个长条状，长度40厘米左右。

13. 依次放在烤盘上。

14. 温度设为32℃，相对湿度设为75%，放醒发箱发酵40分钟后拿出。

15. 桌面撒点高筋粉，拿一条放在桌面上，用手轻拍，排出三分之一的气体。

16. 将牛奶高钙馅装入裱花袋中，挤在长条面团的中间。

17. 收口依次收紧。

18. 调整成C字造型的面团。

19. 将面团放在垫有高温布的网盘架上，进入醒发箱，温度设为32℃，相对湿度设为75%，发酵40分钟后，用条纹纸撒上高筋粉，然后进炉，上火设为230℃，下火设为190℃，时间设为8分钟，按蒸汽2秒。

20. 出炉后震盘拿出。

甜橙面包

烘烤标准

上火 240℃	下火 190℃	时间 7分钟	蒸汽 1秒

提前准备好君度力娇酒和橙皮丁，将10克君度力娇酒倒入橙皮丁中，浸渍橙皮丁。

甜橙馅

原材料	重量
焙萨特级鲜橙果馅	250 克
奶油芝士	125 克
焙萨速溶卡仕达粉	125 克
细砂糖	50 克

馅料部分

 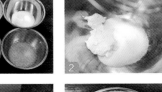 

 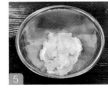

1. 准备好奶油芝士、特级鲜橙果馅、细砂糖、速溶卡仕达粉，放入不锈钢盆中备用。
2. 奶油芝士与细砂糖混合拌匀。
3. 加入速溶卡仕达粉混合拌匀。
4. 再加入特级鲜橙果馅搅拌均匀。
5. 甜橙馅。

主面团

原材料	重量
白燕特级高筋粉	1000 克
膳食纤维素粉	40 克
细砂糖	50 克
低钠盐	5 克
汤种	100 克
新鲜酵母 / 干酵母	24 克 /12 克
水	600 克
焙萨特级鲜橙果馅	100 克
黄油	20 克
力娇酒浸橙皮丁	100 克

面团制作

慢速搅拌	2 分钟
快速搅拌	8 分钟
出缸面温	25℃
面团分割	230 克
发酵温度	32℃
发酵湿度	75%

面包制作部分

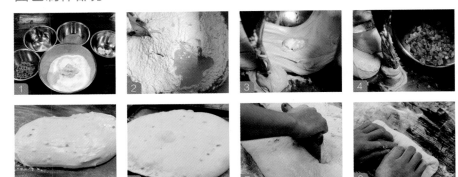

1. 依次准备好高筋粉、干酵母、膳食纤维素粉、盐、汤种和细砂糖，一起称。水、特级鲜橙果馅、力娇酒浸橙皮丁和黄油单独称。

2. 先倒入高筋粉、干酵母、膳食纤维素粉、盐、汤种和细砂糖，再加入水、特级鲜橙果馅，慢速搅拌 2 分钟后，再快速搅拌 8 分钟左右。

3. 打到面筋扩展后再加入黄油，慢速把黄油搅拌均匀，充分溶入面团，面筋完成。

4. 加入提前备好的力娇酒浸橙皮丁，搅拌均匀。

5. 把面团拿出来，放在撒高筋粉的烤盘上，面温 25℃，进入醒发箱，温度设为 32℃，相对湿度设为 75%。

6. 发酵 40 分钟左右，体积是原来的两倍时拿出。

7. 分割面团，230 克一个。

8. 手从上收，将下边面团收到中间。

9. 再次从上收，用手从一个方向推压，使收口与下面粘紧。

10. 从中间用力，均匀地往两边搓成一个长条状，长度 40 厘米左右。

11. 依次放在烤盘上，温度设为 32℃，相对湿度设为 75%，放醒发箱发酵 40 分钟后拿出。

12. 桌面撒点高筋粉，拿一条放在桌面上，用手轻拍，排出三分之一的气体。

13. 将甜橙馅装入裱花袋中，挤在长条面团的中间。

14. 收口依次收紧。

15. 面团对折，两边长度相等。

16. 两头卷起，调整成最后的形状。

17. 将面团放在垫有高温布的网盘架上，进入醒发箱，温度设为 32℃，相对湿度设为 75%，发酵 40 分钟。

18. 用条纹纸撒上高筋粉，然后进炉，上火设为 240℃，下火设为 190℃，时间设为 7 分钟，按蒸汽 1 秒。

19. 出炉后震盘拿出。

火腿咸奶酪福袋

烘烤标准

<table>
<tr><td>🔥 上火
250℃</td><td>🔥 下火
220℃</td><td>🕐 时间
8 分钟</td><td>💨 蒸汽
2 秒</td></tr>
</table>

馅料部分

火腿咸奶酪福袋馅

原材料	重量
马苏里拉丁	250 克
大孔芝士丁	50 克
培根细丝	100 克
小葱花碎	50 克
低钠盐	5 克

1. 准备好马苏里拉丁、大孔芝士丁、培根细丝、小葱花碎和盐，放入不锈钢盆中备用。
2. 将所有材料混合在一起，搅拌均匀。

主面团

原材料	重量
白燕特级高筋粉	1000 克
膳食纤维素粉	40 克
细砂糖	80 克
低钠盐	12 克
液态酵种	100 克
汤种	100 克
新鲜酵母 / 干酵母	25 克 / 13 克
水	680 克
黄油	20 克
小茴香碎	5 克
洋葱细丝	100 克

面团制作

慢速搅拌	2 分钟
快速搅拌	8 分钟
出缸面温	25℃
面团分割	120 克
发酵温度	32℃
发酵湿度	75%

面包制作部分

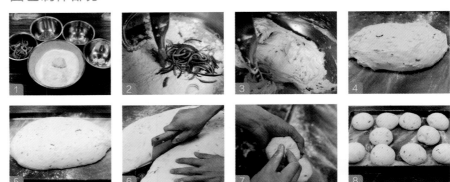

1. 依次准备高筋粉、干酵母、膳食纤维素粉、盐、汤种、液态酵种和细砂糖，一起称。水、小茴香碎、洋葱细丝和黄油单独称。

2. 先倒入高筋粉、干酵母、膳食纤维素粉、盐、汤种和细砂糖，再加入水、洋葱细丝和小茴香碎，慢速搅拌 2 分钟后，再快速搅拌 8 分钟左右。

3. 打到面筋扩展后再加入黄油，慢速把黄油搅拌均匀。

4. 把面团拿出来，放在撒高筋粉的烤盘上，面温 25℃，进入醒发箱，温度设为 32℃，相对湿度设为 75%。

5. 发酵 40 分钟左右，体积是原来的两倍时拿出。

6. 分割面团，120 克一个。

7. 收口，使面团呈圆形。

8. 依次放在烤盘上，温度设为 32℃，相对湿度设为 75%，放醒发箱发酵 40 分钟后拿出。

9. 桌面撒点高筋粉，拿出一个放在桌面上，用手轻拍排气。

10. 包入福袋馅。

11. 收口收紧，放到烤盘上，温度设为 32℃，相对湿度设为 75%，发酵 40 分钟后拿出。

12. 用过网筛将高筋粉撒在面包表面上。

13. 先用剪刀横向开个口。

14. 然后依次上下剪开口进炉，上火设为 250℃，下火设为 220℃，时间设为 8 分钟，并按蒸汽 2 秒。

15. 出炉后震盘拿出。

罗勒芝士火腿

烘烤标准

🔥 上火 240℃ | 🔥 下火 220℃ | ⏱ 时间 12分钟 | ♨ 蒸汽 2秒

准备材料

准备好面包夹心用的培根片、面包装饰用的艾蒙塔尔芝士碎、小葱花碎和孜然粉。

面包夹心

培根片

主面团

原材料	重量
白燕特级高筋粉	1000克
膳食纤维素粉	40克
细砂糖	50克
低钠盐	15克
天然液态酵种	100克
汤种	100克
新鲜酵母 / 干酵母	24克 / 12克
水	650克
黄油	20克

面包制作部分

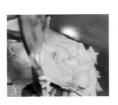

1. 依次准备好高筋粉、干酵母、膳食纤维素粉、盐、汤种、天然液态酵种和细砂糖，一起称。水和黄油单独称。
2. 先倒入高筋粉、干酵母、膳食纤维素粉、盐、汤种、细砂糖和天然液态酵种，再加入水，先慢速搅拌2分钟，再快速搅拌8分钟左右。
3. 打到面筋扩展后再加入黄油，慢速把黄油搅拌均匀，充分溶入面团。
4. 取出打好的面团放在烤盘上。

5. 放醒发箱发酵40分钟，温度设为32℃，相对湿度设为75%，体积是原来的两倍时拿出。
6. 分割面团，200克一个。
7. 用手轻拍，排出三分之一的气体。
8. 从上收三分之一到中间，按紧。
9. 用手从上向下按压收口。
10. 从中间用力，均匀地往两边搓成一个长条状。
11. 依次放在烤盘上，温度设为32℃，相对湿度设为75%，放醒发箱发酵40分钟后拿出。
12. 桌面撒点高筋粉，拿出一个放在桌面上，用手轻拍排气。

面团制作

慢速搅拌	2 分钟
快速搅拌	8 分钟
出缸面温	25℃
面团分割	20 克
发酵温度	32℃
发酵湿度	75%

面包装饰

原材料

艾蒙塔尔芝士碎

小葱花碎

孜然粉

13. 将两片培根肉平放在面团上面。

14. 收口，包住培根肉，两边都收口捏紧。

15. 将面包放在垫有高温布的网盘架上，进入醒发箱，温度设为 32℃，相对湿度设为 75%，发酵 40 分钟后用剪刀剪开，左右交叉放，呈现麦穗形状。

16. 均匀地撒上孜然粉。

17. 均匀地撒上小葱花碎。

18. 最后均匀放上艾蒙塔尔芝士碎进炉，上火设为 240℃，下火设为 220℃，时间设为 12 分钟，并按蒸汽 2 秒。

19. 出炉后震盘拿出。

高纤提子干

烘烤标准

🔥 上火 230℃ | 🔥 下火 210℃ | 🕐 时间 16分钟 | 🍃 蒸汽 3秒

六谷装饰

原材料	重量
葵花子	50 克
白芝麻	50 克
黑芝麻	50 克
亚麻子	50 克
南瓜子	50 克
杏仁片	50 克

装饰部分

1. 准备好葵花子、白芝麻、黑芝麻、亚麻子、南瓜子和杏仁片，将所有材料混合均匀即可。
2. 取 200 克混合好的六谷放入粉碎机中，打 10 秒左右。
3. 打好后成粉状。

主面团

原材料	重量
白燕特级高筋粉	1000 克
六谷粉	200 克
膳食纤维素粉	40 克
细砂糖	80 克
低钠盐	8 克
汤种	100 克
新鲜酵母 / 干酵母	24 克 / 12 克
水	750 克
黄油	30 克
朗姆提子干	200 克

面包制作部分

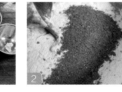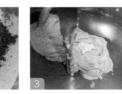

1. 依次准备好高筋粉、干酵母、膳食纤维素粉、盐、汤种和细砂糖，一起称。水、六谷粉、朗姆提子干和黄油单独称。
2. 先倒入高筋粉、干酵母、膳食纤维素粉、盐、汤种和细砂糖，再加入水、六谷粉，先慢速搅拌 2 分钟，再快速搅拌 8 分钟左右，混成一团。
3. 打到面筋扩展后再加入黄油，慢速把黄油搅拌均匀，充分溶入面团。
4. 加入切碎的朗姆提子干，搅拌均匀。
5. 把面团拿出来，放在撒高筋粉的烤盘上，面温 25℃，进入醒发箱，温度设为 32℃，相对湿度设为 75%。
6. 发酵 40 分钟左右，体积是原来的两倍时拿出。
7. 分割面团，230 克一个。
8. 收口呈圆形。

面团制作

慢速搅拌	2 分钟
快速搅拌	8 分钟
出缸面温	25℃
面团分割	230 克
发酵温度	32℃
发酵湿度	75%

9. 依次放在烤盘上，放醒发箱发酵 40 分钟，温度设为 32℃，相对湿度设为 75%，然后拿出，面团体积变大一倍。

10. 桌面撒点高筋粉，拿出一个放在桌面上，用手轻拍排气。

11. 从上向下收压面团，调整成橄榄形。

12. 表面放湿手巾上，正面沾水。

13. 表面粘上装饰六谷。

14. 将面包放在垫有高温布的网盘架上，进入醒发箱，温度设为 32℃，相对湿度设为 75%，发酵 40 分钟后进炉，上火设为 230℃，下火设为 210℃，时间设为 16 分钟，并按蒸汽 3 秒。

15. 出炉后震盘拿出。

抹茶麻薯

烘烤标准

🔥 上火 230℃ | 🔥 下火 200℃ | ⏱ 时间 8分钟 | 💨 蒸汽 2秒

卡仕达酱

1. 准备 500 克牛奶，100 克淡奶油，180 克速溶卡仕达粉，5 克君度力娇酒。
2. 先倒入牛奶、淡奶油和君度力娇酒。
3. 再加入速溶卡仕达粉。
4. 所有材料搅拌均匀。
5. 卡仕达酱。

抹茶麻薯芝士馅

原材料	重量
奶油芝士	200 克
卡仕达酱	200 克
巧克力豆	100 克

Q 心馅

5 个

馅料部分

 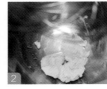 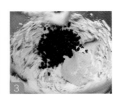

1. 准备好奶油芝士、卡仕达酱、巧克力豆和 Q 心馅，放入不锈钢盆中备用。
2. 奶油芝士搅拌均匀。
3. 再加入卡仕达酱和巧克力豆，搅拌均匀。
4. 最后加入切碎的 Q 心馅，搅拌均匀。
5. 抹茶麻薯芝士馅。

主面团

原材料	重量
白燕特级高筋粉	1000 克
膳食纤维素粉	40 克
抹茶粉	15 克
细砂糖	50 克
低钠盐	8 克
汤种	100 克
新鲜酵母 / 干酵母	24 克 / 12 克
水	750 克
黄油	20 克
糖渍红豆粒	100 克
耐烘烤巧克力豆	50 克

面团制作

慢速搅拌	2 分钟
快速搅拌	8 分钟
出缸面温	25℃
面团分割	230 克
发酵温度	32℃
发酵湿度	75%

面包制作部分

 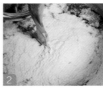 

1. 依次准备好高筋粉、干酵母、膳食纤维素粉、盐、汤种、细砂糖和抹茶粉，一起称。水、糖渍红豆粒、耐烘烤巧克力豆和黄油单独称。
2. 先倒入高筋粉、干酵母、膳食纤维素粉、盐、汤种、细砂糖和抹茶粉，再加入水，先慢速搅拌 2 分钟，再快速搅拌 8 分钟左右。
3. 打到面筋扩展后再加入黄油，慢速把黄油搅拌均匀，充分溶入面团。
4. 加糖渍红豆粒和耐烘烤巧克力豆，搅拌均匀。
5. 把面团拿出来，放在撒高筋粉的烤盘上，面温 25℃，进入醒发箱，温度设为 32℃，相对湿度设为 75%。
6. 发酵 40 分钟左右，体积是原来的两倍时拿出。
7. 分割面团，230 克一个，注意不要一个重量的面团分几刀，尽量三刀内分好。
8. 收口呈圆形。

9. 依次放在烤盘上，温度设为 32℃，相对湿度设为 75%，放醒发箱发酵 40 分钟后拿出。

10. 桌面撒点高筋粉，拿出一个放在桌面上，用手轻拍排气。

11. 将抹茶麻薯芝士馅装入裱花袋，挤在面团中间。

12. 从上收三分之一到中间，压紧。

13. 再从中间向下收，收口压在下面。

14. 将面团放在垫有高温布的网盘架上，进入醒发箱，温度设为 32℃，相对湿度设为 75%，发酵 40 分钟。

15. 用条纹纸撒上高筋粉，然后进炉，上火设为 230℃，下火设为 200℃，时间设为 8 分钟，并按蒸汽 2 秒。

16. 出炉后震盘拿出。

抹茶红小豆

烘烤标准

🔥 上火 230℃ | 🔥 下火 200℃ | 🕐 时间 7分钟 | ☁ 蒸汽 2秒

卡仕达酱

操作方法同抹茶麻薯。

馅料部分

抹茶红小豆馅

原材料	重量
奶油芝士	200 克
卡仕达酱	200 克
糖渍红豆粒	100 克
巧克力豆	100 克

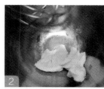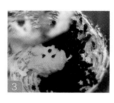

1. 准备好奶油芝士、卡仕达酱、糖渍红豆粒和巧克力豆，放入不锈钢盆中备用。
2. 奶油芝士打拌均匀。
3. 再加入卡仕达酱、糖渍红豆粒和巧克力豆，混合拌均匀。
4. 抹茶红小豆馅。

面包制作部分

主面团

原材料	重量
白燕特级高筋粉	1000 克
膳食纤维素粉	40 克
抹茶粉	15 克
细砂糖	50 克
低钠盐	8 克
汤种	100 克
新鲜酵母 / 干酵母	24 克 / 12 克
水	750 克
黄油	20 克
糖渍红豆粒	100 克
耐烘烤巧克力豆	50 克

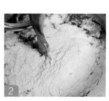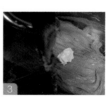

1. 依次准备好高筋粉、干酵母、膳食纤维素粉、盐、汤种、细砂糖和抹茶粉，一起称。水、糖渍红豆粒、耐烘烤巧克力豆和黄油单独称。
2. 先倒入高筋粉、干酵母、膳食纤维素粉、盐、汤种、细砂糖和抹茶粉，再加入水，先慢速搅拌 2 分钟，再快速搅拌 8 分钟左右。
3. 打到面筋扩展后再加入黄油，慢速把黄油搅拌均匀，充分溶入面团。
4. 加糖渍红豆粒和耐烘烤巧克力豆，搅拌均匀。

面团制作

慢速搅拌	2 分钟
快速搅拌	8 分钟
出缸面温	25℃
面团分割	5×50 克
发酵温度	32℃
发酵湿度	75%

5. 把面团拿出来，放在撒高筋粉的烤盘上，面温 25℃，进入醒发箱，温度设为 32℃，相对湿度设为 75%。

6. 发酵 40 分钟左右，体积是原来的两倍时拿出。

7. 分割面团，50 克一个。

8. 收成圆形。

9. 依次放在烤盘上，温度设为 32℃，相对湿度设为 75%，放醒发箱发酵 40 分钟后拿出。

10. 桌面撒点高筋粉，拿出一个放在桌面上，用手轻拍排气。

11. 将抹茶红小豆馅装入裱花袋，挤在面团中间。

12. 收口依次收紧。

13. 将面包放在垫有高温布的网盘架上，每 5 个为一组，中间间隔一点距离。然后进入醒发箱，温度设为 32℃，相对湿度设为 75%，发酵 40 分钟。

14. 将蛋糕叉放在每个面团正中央，撒上高筋粉，然后进炉，上火设为 230℃，下火设为 200℃，时间设为 7 分钟，并按蒸汽 2 秒。

15. 出炉后震盘拿出。

咖啡芝士

烘烤标准

上火 230℃ | 下火 190℃ | 时间 7分钟 | 蒸汽 2秒

卡仕达酱

操作方法同抹茶麻薯。

馅料部分

 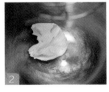 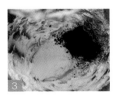 

咖啡芝士馅

原材料	重量
爱克斯奎萨奶油芝士	200 克
卡仕达酱	200 克
全脂牛奶	15 克
咖啡粉	6 克

1. 准备好奶油芝士、卡仕达酱、全脂牛奶和咖啡粉，放入不锈钢盆中备用。
2. 奶油芝士搅拌均匀。
3. 再加入卡仕达酱、全脂牛奶和咖啡粉，搅打均匀。
4. 咖啡芝士馅。

主面团

原材料	重量
白燕特级高筋粉	1000 克
膳食纤维素粉	40 克
咖啡粉	15 克
细砂糖	50 克
低钠盐	8 克
汤种	100 克
新鲜酵母 / 干酵母	24 克 /12 克
水	750 克
黄油	20 克
耐烘烤巧克力豆	150 克

面包制作部分

1. 依次准备好高筋粉、咖啡粉、干酵母、膳食纤维素粉、盐、汤种和细砂糖，一起称。水、耐烘烤巧克力豆和黄油单独称。

2. 倒入高筋粉、咖啡粉、干酵母、膳食纤维素粉、盐、汤种和细砂糖，再加入水，先慢速搅拌 2 分钟，再快速搅拌 8 分钟左右。

3. 打到面筋扩展后再加入黄油，慢速把黄油搅拌均匀，充分溶入面团。

4. 加入耐烘烤巧克力豆，搅拌均匀。

5. 把面团拿出来，放在撒高筋粉的烤盘上，面温 25℃，进入醒发箱，温度设为 32℃，相对湿度设为 75%。

6. 发酵 40 分钟左右，体积是原来的两倍时拿出。

7. 分割面团，250 克一个。

8. 用手轻拍，排三分之一的气体，并从上收三分之一到中间，按紧。

9. 再从下收三分之一到中间，按紧。

10. 用手从一个方向推压收口。

11. 从中间用力，均匀地往两边搓成一个长条状，长度 40 厘米左右。

12. 依次放在烤盘上，温度设为 32℃，相对湿度设为 75%，放醒发箱发酵 40 分钟后拿出。

13. 桌面撒点高筋粉，拿出一个放在桌面上，用手轻拍排气。

14. 将咖啡芝士馅装入裱花袋，挤在面团中间。

15. 收口依次收紧。

16. 绕一个圈。

面团制作

慢速搅拌	2 分钟
快速搅拌	8 分钟
出缸面温	25℃
面团分割	250 克
发酵温度	32℃
发酵湿度	75%

17. 另一端从圈里穿过。

18. 接着从面团里穿过。

19. 直到最后全部收紧。

20. 将面团放在垫有高温布的网盘架上，然后进入醒发箱，温度设为 32℃，相对湿度设为 75%，发酵 40 分钟。

21. 用条纹纸撒上高筋粉，然后进炉，上火设为 230℃，下火设为 190℃，时间设为 7 分钟，并按蒸汽 2 秒。

22. 出炉后震盘拿出。

巴黎摩卡

烘烤标准

| 🔥 上火 230℃ | 🔥 下火 190℃ | 🕐 时间 7分钟 | 蒸汽 1秒 |

卡仕达酱

操作方法同抹茶麻薯。

馅料部分

巴黎摩卡馅

原材料	重量
奶油芝士	200 克
卡仕达酱	200 克
耐烘烤巧克力豆	100 克

 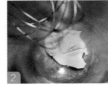 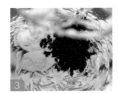 

1. 准备好奶油芝士、卡仕达酱和耐烘烤巧克力豆，放入不锈钢盆中备用。
2. 奶油芝士搅拌均匀。
3. 再加入卡仕达酱和耐烘烤巧克力豆，搅打均匀。
4. 巴黎摩卡馅。

主面团

原材料	重量
白燕特级高筋粉	1000 克
膳食纤维素粉	40 克
咖啡粉	15 克
细砂糖	50 克
低钠盐	8 克
汤种	100 克
新鲜酵母 / 干酵母	24 克 / 12 克
水	750 克
黄油	20 克
耐烘烤巧克力豆	150 克

酥粒

原材料	重量
黄油	100 克
细砂糖	200 克
白燕特级高筋粉	200 克

面团制作

慢速搅拌	2 分钟
快速搅拌	8 分钟
出缸面温	25℃
面团分割	250 克
发酵温度	32℃
发酵湿度	75%

面包制作部分

1. 依次准备好高筋粉、干酵母、膳食纤维素粉、盐、汤种和细砂糖，一起称。水、耐烘烤巧克力豆和黄油单独称。

2. 倒入高筋粉、干酵母、膳食纤维素粉、盐、汤种和细砂糖，再加入水，先慢速搅拌 2 分钟，再快速搅拌 8 分钟左右。

3. 打到面筋扩展后再加入黄油，慢速把黄油搅拌均匀，充分溶入面团。

4. 加入耐烘烤巧克力豆，搅拌均匀。

5. 把面团拿出来，放在撒高筋粉的烤盘上，面温 25℃，进入醒发箱，温度设为 32℃，相对湿度设为 75%。

6. 发酵 40 分钟左右，体积是原来的两倍时拿出。

7. 分割面团，250 克一个。

8. 用手轻拍，排三分之一的气体，并从上收三分之一到中间，按紧。

9. 再从下收三分之一到中间，按紧。

10. 用手从一个方向推压收口。

11. 从中间用力，均匀地往两边搓成一个长条状，长度 40 厘米左右。

12. 依次放在烤盘上，温度设为 32℃，相对湿度设为 75%，放醒发箱发酵 40 分钟后拿出。

13. 桌面撒点高筋粉，拿出一个放在桌面上，用手轻拍排气。

14. 将巴黎摩卡馅装入裱花袋，挤在面团中间。

15. 收口依次收紧。

16. 收口完成后对折，两边长度相同。

17. 交叉相绕，上面空出一个圈。

18. 最后尾部留出。

19. 将面团放在沾水的毛巾上，表面沾水。

20. 粘上酥粒。

21. 将面包放在垫有高温布的网盘架上，然后进入醒发箱，温度设为32℃，相对湿度设为75%，发酵40分钟。

22. 用条纹纸撒上高筋粉，然后进炉，上火设为230℃，下火设为190℃，时间设为7分钟，并按蒸汽1秒。

23. 出炉后震盘拿出。

草莓磨坊

烘烤标准

🔥 上火 230℃	🔥 下火 200℃	🕐 时间 8分钟	💨 蒸汽 1秒

草莓磨坊馅

原材料	重量
奶油芝士	200 克
细砂糖	75 克
草莓干	100 克

馅料部分

 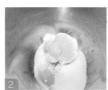  

1. 准备好奶油芝士、草莓干和细砂糖，放入不锈钢盆中备用。
2. 奶油芝士与细砂糖混合拌匀。
3. 再加入草莓干搅拌均匀。
4. 草莓磨坊馅。

主面团

原材料	重量
白燕特级高筋粉	1000 克
膳食纤维素粉	40 克
细砂糖	60 克
低钠盐	8 克
汤种	100 克
新鲜酵母 / 干酵母	24 克 / 12 克
水	750 克
软欧特级红心 火龙果粉	30 克
黄油	20 克
草莓干	100 克

面团制作

慢速搅拌	2 分钟
快速搅拌	8 分钟
出缸面温	25℃
面团分割	250 克
发酵温度	32℃
发酵湿度	75%

面包制作部分

1. 依次准备好高筋粉、干酵母、膳食纤维素粉、软欧特级红心火龙果粉、盐、汤种和细砂糖，一起称。水、草莓干、黄油单独称。
2. 先将软欧特级红心火龙果粉与水混合均匀。
3. 倒入高筋粉、干酵母、膳食纤维素粉、盐、汤种和细砂糖，先慢速搅拌 2 分钟，再快速搅拌 8 分钟左右。
4. 打到面筋扩展后再加入黄油，慢速把黄油搅拌均匀，充分溶入面团。
5. 加入草莓干搅拌均匀。
6. 放在烤盘上，放醒发箱发酵 40 分钟，温度设为 32℃，相对湿度设为 75%，体积是原来的两倍时拿出。
7. 分割面团，250 克一个。
8. 用手轻拍，排三分之一的气体，并从上收三分之一到中间，按紧。
9. 再从下收三分之一到中间，按紧。
10. 用手从一个方向推压收口。
11. 从中间用力，均匀地往两边搓成一个长条状，长度 40 厘米左右。依次放在烤盘上，温度设为 32℃，相对湿度设为 75%，放醒发箱发酵 40 分钟后拿出。
12. 桌面撒点高筋粉，拿出一个放在桌面上，用手轻拍排气。
13. 将草莓磨坊馅装入裱花袋，挤在面团中间。
14. 从上向下，收口依次收紧。
15. 将面团调整成心形。
16. 将面团放在垫有高温布的网盘架上，然后进入醒发箱，温度设为 32℃，相对湿度设为 75%，发酵 40 分钟。用条纹纸撒上高筋粉，然后进炉，上火设为 230℃，下火设为 200℃，时间设为 8 分钟，并按蒸汽 1 秒。
17. 出炉后震盘拿出。

乳酸蔓越莓

烘烤标准

🔥 上火 240℃ | 🔥 下火 210℃ | 🕐 时间 16 分钟 | 💨 蒸汽 3 秒

主面团

原材料	重量
白燕特级高筋粉	1000 克
红曲粉	15 克
膳食纤维素粉	40 克
细砂糖	100 克
低钠盐	8 克
汤种	100 克
新鲜酵母 / 干酵母	24 克 / 12 克
水	700 克
黄油	20 克
主面团	700 克
副面团	
1300 克 + 蔓越莓干 200 克	

面包制作部分

1. 依次准备好高筋粉、干酵母、膳食纤维素粉、红曲粉、盐、汤种和细砂糖,一起称。水、蔓越莓干和黄油单独称。

2. 倒入高筋粉、干酵母、膳食纤维素粉、红曲粉、盐、汤种和细砂糖,再加入水,先慢速搅拌 2 分钟,再快速搅拌 8 分钟左右。

3. 打到面筋扩展后再加入黄油,慢速把黄油搅拌均匀,充分溶入面团。

4. 取出 700 克面团,剩下的 1300 克面团加入 200 克蔓越莓干,搅拌均匀。

5. 将面团放在烤盘上,放醒发箱发酵 40 分钟,温度设为 32℃,相对湿度设为 75%,体积是原来的两倍时拿出。

6. 分割有果干的面团,210 克一个。

7. 用手轻拍排气。

8. 收成橄榄形。

9. 分割没果干的面团,100 克一个。

10. 收成圆形,整完形分开放烤盘上。

11. 放醒发箱,温度设为 32℃,相对湿度设为 75%,发酵 40 分钟后拿出。

12. 把圆形面团擀开。

面团制作

慢速搅拌	2 分钟
快速搅拌	8 分钟
出缸面温	25℃
面团分割	100 克和 210 克
发酵温度	32℃
发酵湿度	75%

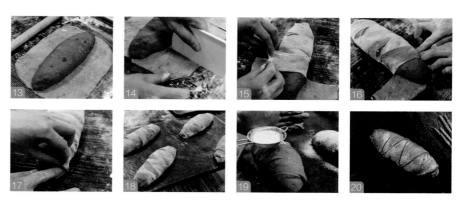

13. 把发好的有果干的橄榄形面团放到面皮上。

14. 两边平行地切三刀。

15. 拿起切好的一小块面皮收到另一边。

16. 依次重复上面操作。

17. 最后收口收到前一个面团里面。

18. 将面包放在垫有高温布的网盘架上，然后进入醒发箱，温度设为 32℃，相对湿度设为 75%，发酵 40 分钟。

19. 表面撒上高筋粉，然后进炉，上火设为 240℃，下火设为 210℃，时间设为 16 分钟，并按蒸汽 3 秒。

20. 出炉后震盘拿出。

维多利亚的秘密

烘烤标准

 上火 230℃ | 下火 200℃ | 时间 9 分钟 | 蒸汽 2 秒

维多利亚的秘密馅

原材料	重量
奶油芝士	300 克
卡仕达酱	200 克
蔓越莓干	150 克

主面团

原材料	重量
白燕特级高筋粉	1000 克
红曲粉	15 克
膳食纤维素粉	40 克
细砂糖	70 克
低钠盐	8 克
汤种	100 克
新鲜酵母 / 干酵母	24 克 / 12 克
水	700 克
黄油	20 克

馅料部分

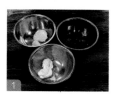

1. 准备好奶油芝士、卡仕达酱和蔓越莓干，放入不锈钢盆中备用。
2. 先将奶油芝士搅打均匀。
3. 再加入卡仕达酱、蔓越莓干搅拌均匀。
4. 维多利亚的秘密馅。

面包制作部分

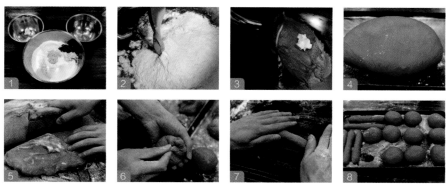

1. 依次准备好高筋粉、干酵母、膳食纤维素粉、红曲粉、盐、汤种和细砂糖，一起称。水和黄油单独称。
2. 倒入高筋粉、干酵母、膳食纤维素粉、红曲粉、盐、汤种和细砂糖，再加入水，先慢速搅拌 2 分钟，再快速搅拌 7 分钟左右。
3. 打到面筋扩展后再加入黄油，慢速把黄油搅拌均匀，使面团光滑。
4. 将面团放在烤盘上，放醒发箱发酵 40 分钟，温度设为 32℃，相对湿度设为 75%，体积是原来的两倍时拿出。
5. 把面团分割成两个 100 克和一个 50 克，组成一组。
6. 将 100 克的面团收圆。
7. 将 50 克的面团搓成长条。
8. 放在烤盘上摆好，放醒发箱，温度设为 32℃，相对湿度设为 75%，发酵 40 分钟后拿出。

面团制作

慢速搅拌	2 分钟
快速搅拌	7 分钟
出缸面温	25℃
面团分割	50 克和 100 克 ×2
发酵温度	32℃
发酵湿度	75%

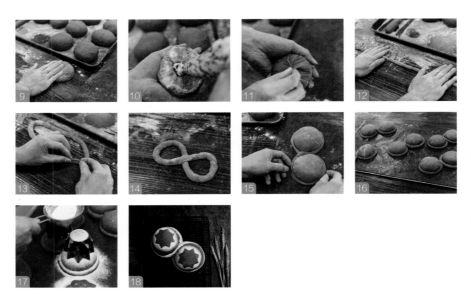

9. 取出圆形面团，轻拍排气。

10. 包入维多利亚的秘密馅。

11. 收口收紧。

12. 将 50 克长条面团搓成细长条。

13. 收口包住另一头，按紧收口。

14. 绕个 8 形环。

15. 把 2 个 100 克圆形面团放到 8 形环中间。

16. 将面包放在垫有高温布的网盘架上，然后进入醒发箱，温度设为 32℃，相对湿度设为 75%，发酵 40 分钟。

17. 用过网筛撒上高筋粉，然后进炉，上火设为 230℃，下火设为 200℃，时间设为 9 分钟，并按蒸汽 2 秒。

18. 出炉后震盘拿出。

蓝莓马蹄

烘烤标准

🔥 上火 240℃ | 🔥 下火 190℃ | 🕐 时间 7分钟 | 蒸汽 2秒

蓝莓马蹄馅

原材料	重量
焙萨特级蓝莓果馅	250克
奶油芝士	125克
卡仕达酱	125克
细砂糖	50克

馅料部分

1. 准备好奶油芝士、卡仕达酱、细砂糖和特级蓝莓果馅，放入不锈钢盆中备用。
2. 先将奶油芝士与细砂糖混合，拌匀至糖化。
3. 再加入卡仕达酱、特级蓝莓果馅混合拌匀。
4. 蓝莓马蹄馅。

面包制作部分

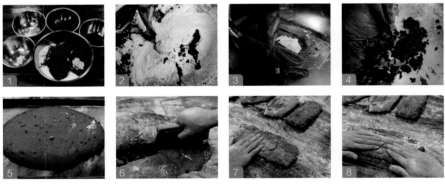

主面团

原材料	重量
白燕特级高筋粉	1000克
膳食纤维素粉	40克
细砂糖	50克
低钠盐	5克
汤种	100克
新鲜酵母 / 干酵母	24克 / 12克
水	600克
软欧特级蓝莓粉	80克
焙萨特级蓝莓果馅	100克
黄油	20克
提子干碎	150克

1. 依次准备好高筋粉、干酵母、膳食纤维素粉、软欧特级蓝莓粉、盐、汤种和细砂糖，一起称。水、特级蓝莓果馅、提子干碎和黄油单独称。
2. 倒入高筋粉、干酵母、膳食纤维素粉、软欧特级蓝莓粉、盐、汤种和细砂糖，再加入水，先慢速搅拌2分钟，再快速搅拌8分钟左右。
3. 打到面筋扩展后再加入黄油，慢速把黄油搅拌均匀，充分溶入面团。
4. 最后加入提子干碎，搅拌均匀。
5. 将面团放在烤盘上，放醒发箱发酵40分钟，温度设为32℃，相对湿度设为75%，体积是原来的两倍时拿出。
6. 分割面团，230克一个。
7. 用手轻拍面团，排出三分之一的气体。
8. 从上收三分之一到中间，按紧。

面团制作

慢速搅拌	2 分钟
快速搅拌	8 分钟
出缸面温	25℃
面团分割	230 克
发酵温度	32℃
发酵湿度	75%

9. 用手从一个方向从上向下推压收口。

10. 从中间用力，均匀地往两边搓成一个长条状，长度 40 厘米左右，依次放在烤盘上。

11. 放醒发箱，温度设为 32℃，相对湿度设为 75%，发酵 40 分钟后拿出。

12. 桌面撒点高筋粉，拿出一个放在桌面上，用手轻拍排气。

13. 将蓝莓马蹄馅装入裱花袋，挤在面团中间。

14. 将收口收紧。

15. 将面团调整成 U 字形。

16. 将面包放在垫有高温布的网盘架上，然后进入醒发箱，温度设为 32℃，相对湿度设为 75%，发酵 40 分钟。

17. 用条纹纸撒上高筋粉，然后进炉，上火设为 240℃，下火设为 190℃，时间设为 7 分钟，并按蒸汽 2 秒。

18. 出炉后震盘拿出。

黑眼豆豆

烘烤标准

🔥 上火 230℃ | 🔥 下火 190℃ | 🕐 时间 7 分钟 | 🍄 蒸汽 2 秒

馅料部分

黑眼豆豆馅

原材料	重量
卡仕达酱	300 克
巧克力酱	150 克
耐烘烤巧克力豆	200 克

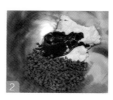

1. 准备好卡仕达酱、巧克力酱和耐烘烤巧克力豆，放入不锈钢盆中备用。
2. 将卡仕达酱、巧克力酱和耐烘烤巧克力豆混合均匀。
3. 黑眼豆豆馅。

面包制作部分

主面团

原材料	重量
白燕特级高筋粉	1000 克
可可粉	20 克
膳食纤维素粉	40 克
细砂糖	90 克
低钠盐	8 克
汤种	100 克
新鲜酵母 / 干酵母	24 克 / 12 克
水	700 克
巧克力酱	150 克
耐烘烤巧克力豆	150 克

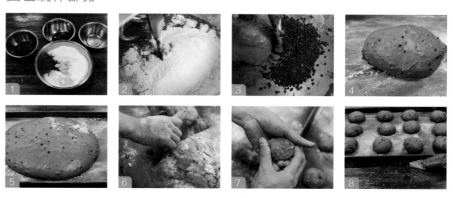

1. 依次准备好高筋粉、干酵母、可可粉、膳食纤维素粉、盐、汤种和细砂糖，一起称。水、巧克力酱和耐烤巧克力豆单独称。
2. 倒入高筋粉、干酵母、可可粉、膳食纤维素粉、盐、汤种和细砂糖，再加入水和巧克力酱，先慢速搅拌 2 分钟，再快速搅拌 8 分钟左右。
3. 打到面筋扩展后再加入耐烘烤巧克力豆，搅拌均匀。
4. 烤盘上撒高筋粉，将面团放在烤盘上，让其自然展开。
5. 将面团放醒发箱发酵 40 分钟，温度设为 32℃，相对湿度设为 75%，体积是原来的两倍时拿出。
6. 分割面团，60 克一个。
7. 收成圆形。
8. 将面团依次放在烤盘上，放醒发箱，温度设为 32℃，相对湿度设为 75%，发酵 40 分钟后拿出。

面团制作

慢速搅拌	2 分钟
快速搅拌	8 分钟
出缸面温	22℃
面团分割	60 克
发酵温度	32℃
发酵湿度	75%

9. 桌面撒点高筋粉，拿出一个放在桌面上，用手轻拍排气。

10. 将黑眼豆豆馅装入裱花袋，挤在面团中间。

11. 将收口捏紧。

12. 将面团放在烤盘上，进入醒发箱，温度设为 32℃，相对湿度设为 75%，发酵 40 分钟。然后进炉，上火设为 230℃，下火设为 190℃，时间设为 7 分钟，并按蒸汽 2 秒。

13. 出炉后震盘拿出。

原味巧克力

烘烤标准

🔥 上火 230℃ | 🔥 下火 190℃ | ⏱ 时间 8分钟 | ♨ 蒸汽 2秒

主面团

原材料	重量
白燕特级高筋粉	1000 克
可可粉	20 克
膳食纤维素粉	40 克
细砂糖	90 克
低钠盐	8 克
汤种	100 克
新鲜酵母 / 干酵母	24 克 / 12 克
水	700 克
巧克力酱	150 克
耐烘烤巧克力豆	150 克
朗姆提子干	100 克

面包制作部分

  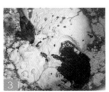 

1. 依次准备好高筋粉、干酵母、膳食纤维素粉、盐、汤种、细砂糖和可可粉，一起称。水、巧克力酱、耐烘烤巧克力豆和提子干单独称。

2. 将 10 克朗姆酒倒入提子干里面，浸泡一会。

3. 倒入高筋粉、干酵母、膳食纤维素粉、盐、汤种、细砂糖和可可粉，再加入水和巧克力酱，先慢速搅拌 2 分钟，再快速搅拌 8 分钟左右。

4. 打到面筋扩展后再加入耐烘烤巧克力豆和朗姆提子干，搅拌均匀。

慢速搅拌	2分钟
快速搅拌	8分钟
出缸面温	22℃
面团分割	250克
发酵温度	32℃
发酵湿度	75%

5. 将面团放在烤盘上，放醒发箱发酵40分钟，温度设为32℃，相对湿度设为75%，体积是原来的两倍时拿出。

6. 分割面团，250克一个。

7. 用手轻拍面团，排出三分之一的气体。

8. 从上收三分之一到中间，按紧。

9. 再从上收三分之一按紧，下面收口粘紧。

10. 从中间用力，均匀地往两边搓成一个长条状，长度40厘米左右。

11. 依次放在烤盘上，放醒发箱，温度设为32℃，相对湿度设为75%，发酵40分钟后拿出。

12. 桌面撒点高筋粉，拿出一条放在桌面上，用手轻拍排气。

13. 收口收紧。

14. 按图编一股辫子。

15. 将面团放在垫有高温布的网盘架上，然后进入醒发箱，温度设为32℃，相对湿度设为75%，发酵40分钟。

16. 用条纹纸撒上高筋粉，然后进炉，上火设为230℃，下火设为190℃，时间设为8分钟，并按蒸汽2秒。

17. 出炉后震盘拿出。

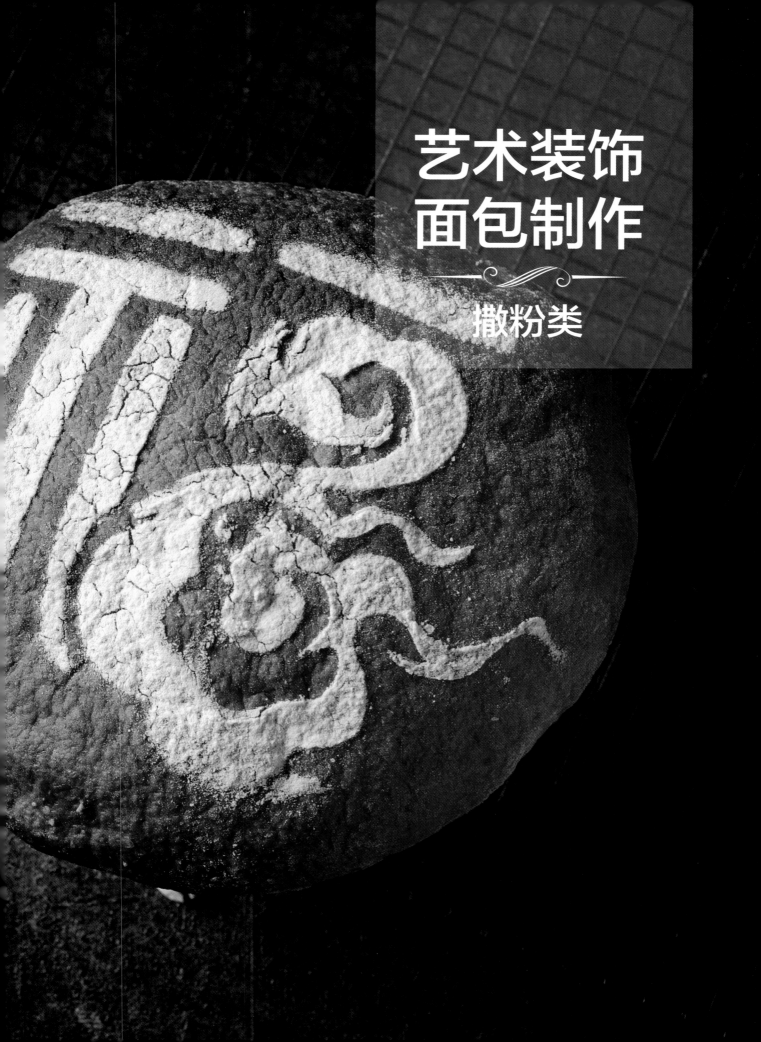

艺术装饰
面包制作

撒粉类

熔岩巧克力

烘烤标准

 上火
230℃ | 下火
190℃ | 时间
8分钟 | 蒸汽
2秒

主面团

原材料	重量
白燕特级高筋粉	1000 克
可可粉	20 克
膳食纤维素粉	40 克
细砂糖	90 克
低钠盐	8 克
汤种	100 克
新鲜酵母 / 干酵母	24 克 /12 克
水	700 克
巧克力酱	150 克
耐烘烤巧克力豆	250 克

面团制作

慢速搅拌	2 分钟
快速搅拌	8 分钟
出缸面温	22℃
面团分割	250 克
发酵温度	32℃
发酵湿度	75%

面包制作部分

1. 依次准备好高筋粉、干酵母、膳食纤维素粉、盐、汤种、细砂糖和可可粉，一起称。水、巧克力酱、耐烘烤巧克力豆和提子干单独称。

2. 倒入高筋粉、干酵母、膳食纤维素粉、盐、汤种、细砂糖和可可粉，再加入水和巧克力酱，先慢速搅拌 2 分钟，再快速搅拌 8 分钟左右。

3. 打到面筋扩展后再加入耐烘烤巧克力豆，搅拌均匀。

4. 将面团放在烤盘上，放醒发箱发酵 40 分钟，温度设为 32℃，相对湿度设为 75%，体积是原来的两倍时拿出。

5. 分割面团，250 克一个。

6. 用手轻拍面团，排出三分之一的气体。

7. 收口成圆形，从收口处捏紧。

8. 将面团依次放在烤盘上，放醒发箱，温度设为 32℃，相对湿度设为 75%，发酵 40 分钟后拿出。

9. 桌面撒点高筋粉，拿出一个放在桌面上，用手轻拍排气。

10. 折三分之一到中间，按紧。

11. 收成橄榄形。

12. 将面团放在垫有高温布的网盘架上，然后进入醒发箱，温度设为 32℃，相对湿度设为 75%，发酵 40 分钟。

13. 表面撒上高筋粉，从正中间用剪刀挨着上一刀接口处剪开，长度大概 2.5 厘米。然后进炉，上火设为 230℃，下火设为 190℃，时间设为 8 分钟，并按蒸汽 2 秒。

14. 出炉后震盘拿出。

雷神巧克力

烘烤标准

🔥 上火 230℃	🔥 下火 210℃	⏱ 时间 17分钟	💨 蒸汽 3秒

雷神巧克力馅

原材料	重量
爱克斯奎萨奶油芝士	250 克
卡仕达酱	250 克
巧克力酱	150 克
细砂糖	100 克
耐烘烤巧克力豆	200 克

馅料部分

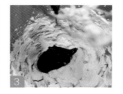

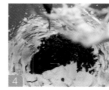

1. 准备好奶油芝士、卡仕达酱、细砂糖、巧克力酱和耐烘烤巧克力豆，放入不锈钢盆中备用。
2. 先将奶油芝士与细砂糖混合拌匀。
3. 再加入卡仕达酱和巧克力酱混合拌匀。
4. 加入耐烘烤巧克力豆混合拌匀。
5. 雷神巧克力馅。

主面团

原材料	重量
白燕特级高筋粉	1000 克
可可粉	15 克
竹炭粉	8 克
膳食纤维素粉	40 克
细砂糖	60 克
低钠盐	6 克
汤种	100 克
新鲜酵母 / 干酵母	24 克 / 12 克
水	730 克
巧克力酱	150 克

面团制作

慢速搅拌	2 分钟
快速搅拌	7 分钟
出缸面温	22℃
面团分割	110 克和 190 克
发酵温度	32℃
发酵湿度	0%

面包制作部分

1. 依次准备好高筋粉、干酵母、膳食纤维素粉、可可粉、竹炭粉、盐、汤种和细砂糖，一起称。水、巧克力酱单独称。

2. 将所有材料倒入面缸中，先慢速搅拌 2 分钟，再快速搅拌 7 分钟左右，直至面筋完成。

3. 取出打好的面团放在烤盘上（此类有颜色的面团要注意打的先后顺序），放醒发箱发酵 40 分钟，温度设为 32℃，相对湿度设为 75%，体积是原来的两倍时拿出。

4. 分割面团，一个 190 克面团和一个 110 克面团为一组。

5. 将两种面团都收成圆形，依次放在烤盘上。

6. 将面团放醒发箱，温度设为 32℃，相对湿度设为 75%，发酵 40 分钟后拿出。

7. 将 110 克小圆面团擀成厚度一致的圆饼形状，将 190 克面团放在面皮上面。

8. 将底下的面皮均匀地沿着上面的大圆面团切断，上下左右总共切 8 刀。

9. 把底下的面皮依顺序拉到上面第大圆面团中间按住，每次拉一块并按住，最后一块面皮拉至上面时，大拇指粘高筋粉从正中心按下去。

10. 将面团放在垫有高温布的网盘架上，然后进入醒发箱，温度设为 32℃，相对湿度设为 75%，发酵 40 分钟。

11. 表面撒上高筋粉，然后进炉，上火设为 230℃，下火设为 210℃，时间设为 17 分钟，并按蒸汽 3 秒。

12. 出炉后震盘拿出，40 分钟后面包冷却，再用锯齿刀从中间切开。

13. 将雷神巧克力馅装入裱花袋，挤在切开的面包中间。

14. 雷神巧克力面包。

酒酿荔枝玫瑰

烘烤标准

| 🔥 上火 220℃ | 🔥 下火 210℃ | 🕐 时间 18分钟 | 🥖 蒸汽 2秒 |

主面团

原材料	重量
白燕特级高筋粉	960 克
膳食纤维素粉	40 克
细砂糖	60 克
低钠盐	8 克
汤种	50 克
米酒种	100 克
新鲜酵母 / 干酵母	24 克 / 12 克
水	650 克
蜂蜜玫瑰酱	100 克
安佳黄油	20 克
烟熏荔枝干	200 克

面团制作

慢速搅拌	2 分钟
快速搅拌	8 分钟
出缸面温	25℃
面团分割	380 克
发酵温度	32℃
发酵湿度	75%

面包制作部分

1. 依次准备好高筋粉、干酵母、膳食纤维素粉、盐、汤种、米酒种（提前准备好）和细砂糖，一起称。水、蜂蜜玫瑰酱、烟熏荔枝干和黄油单独称。

2. 将高筋粉、干酵母、膳食纤维素粉、盐、汤种、米酒种、细砂糖和水混合，先慢速搅拌 2 分钟，再快速搅拌 8 分钟左右。

3. 打到面筋扩展后再加入黄油，慢速把黄油搅拌均匀，充分溶入面团。

4. 加入烟熏荔枝干，搅拌均匀。

5. 取出打好的面团放在烤盘上，放醒发箱发酵 40 分钟，温度设为 32℃，相对湿度设为 75%，体积是原来的两倍时拿出。

6. 分割面团，380 克一个。

7. 收成圆形。

8. 将面团依次放在烤盘上，放醒发箱，温度设为 32℃，相对湿度设为 75%，发酵 40 分钟后拿出。

9. 桌面撒点高筋粉，拿出一个放在桌面上，用手轻拍，排出三分之二的气体。

10. 收成圆形，并把收口处按紧。

11. 将面团依次放在烤盘上，进入醒发箱，温度设为 32℃，相对湿度设为 75%，发酵 40 分钟。

12. 拿出表面印有花纹图案的纸撒上高筋粉，然后进炉，上火设为 220℃，下火设为 210℃，时间设为 18 分钟，并按蒸汽 2 秒。

13. 出炉后震盘拿出。

酒酿桂圆

烘烤标准

🔥 上火
220℃ | 🔥 下火
200℃ | 🕐 时间
18分钟 | 🥖 蒸汽
3秒

酒酿桂圆干

酒酿桂圆干

原材料	重量
桂圆干	200 克
红酒	150 克

1. 将法国红酒倒入桂圆干里。
2. 开小火慢慢加热收汁，直到红酒完全浸入桂圆干里面，底下变干。

面包制作部分

主面团

原材料	重量
白燕特级高筋粉	960 克
膳食纤维素粉	40 克
细砂糖	50 克
低钠盐	10 克
汤种	80 克
葡萄种	80 克
新鲜酵母 / 干酵母	24 克 / 12 克
水	300 克
全脂牛奶	200 克
葡萄酒	200 克
酒酿桂圆干	200 克

面团制作

慢速搅拌	2 分钟
快速搅拌	9 分钟
出缸面温	25℃
面团分割	330 克
发酵温度	32℃
发酵湿度	75%

1. 依次准备好高筋粉、干酵母、膳食纤维素粉、盐、汤种、葡萄种和细砂糖，一起称。水、全脂牛奶、葡萄酒和酒酿桂圆干单独称。
2. 将高筋粉、干酵母、膳食纤维素粉、盐、汤种、葡萄种、细砂糖、水、全脂牛奶和葡萄酒混合，先慢速搅拌 2 分钟，再快速搅拌 9 分钟左右。
3. 打到面筋完成后再加入晾凉的桂圆干，搅拌均匀。
4. 取出打好的面团放在烤盘上，放醒发箱发酵 40 分钟，温度设为 32℃，相对湿度设为 75%，体积是原来的两倍时拿出，并将面团分割，每个 330 克。
5. 将面团收口调整成圆形。
6. 将面团依次放在烤盘上，放醒发箱，温度设为 32℃，相对湿度设为 75%，发酵 40 分钟后拿出。
7. 桌面撒点高筋粉，拿出一个放在桌面上，用手轻拍排气。
8. 调整面团形状，最后收成圆形。
9. 每个烤盘放 3 个面团，进入醒发箱，温度设为 32℃，相对湿度设为 75%，发酵 40 分钟。
10. 用表面印有花纹图案的纸撒上高筋粉，然后进炉，上火设为 220℃，下火设为 200℃，时间设为 18 分钟，并按蒸汽 3 秒。
11. 出炉后震盘拿出。

酒酿流沙

烘烤标准

🔥 上火 230℃ | 🔥 下火 190℃ | 🕐 时间 9分钟 | 🌫 蒸汽 2秒

流沙馅

原材料	重量
鸡蛋	140 克
细砂糖	70 克
玉米淀粉	45 克
全脂奶粉	45 克
杏仁粉	20 克
淡奶油	80 克
全脂牛奶	80 克
细砂糖	30 克
黄油	30 克
咸鸭蛋黄泥	100 克

馅料部分

1. 准备好鸡蛋、细砂糖、玉米淀粉、全脂奶粉和杏仁粉，放入不锈钢盆中备用。
2. 将鸡蛋和细砂糖混合，搅拌均匀。
3. 加入玉米淀粉、全脂奶粉、杏仁粉，搅拌均匀后得到面糊 A 部分。
4. 将淡奶油、全脂牛奶、细砂糖和黄油混合均匀，放电磁炉上开小火加热。
5. 沸腾后，再倒入 A 部分搅拌均匀。
6. 加入煮熟的咸鸭蛋黄泥，搅拌均匀。
7. 放电磁炉上开小火加热至得到浓稠状的流沙馅。

主面团

原材料	重量
白燕特级高筋粉	960 克
膳食纤维素粉	40 克
细砂糖	70 克
低钠盐	8 克
汤种	100 克
米酒种	100 克
新鲜酵母 / 干酵母	24 克 /12 克
水	700 克
安佳黄油	20 克

面包制作部分

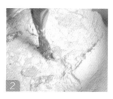

1. 依次准备好高筋粉、干酵母、膳食纤维素粉、盐、汤种、米酒种和细砂糖，一起称。水和黄油单独称。
2. 将高筋粉、干酵母、膳食纤维素粉、盐、汤种、米酒种、细砂糖和水混合，先慢速搅拌 2 分钟，再快速搅拌 9 分钟左右。
3. 打到面筋扩展后再加入黄油，慢速把黄油搅拌均匀，充分溶入面团。
4. 取出打好的面团放在烤盘上，放醒发箱发酵 40 分钟，温度设为 32℃，相对湿度设为 75%，体积是原来的两倍时拿出。

面团制作

慢速搅拌	2 分钟
快速搅拌	9 分钟
出缸面温	25℃
面团分割	230 克
发酵温度	32℃
发酵湿度	75%

5. 分割面团，230 克一个。

6. 用手轻拍面团，排出三分之一的气体。

7. 从上收三分之一到中间，按紧。

8. 用手从一个方向推压收口。

9. 从中间用力，均匀地往两边搓成一个长条状，长度 40 厘米左右，依次放在烤盘上。

10. 将面团放醒发箱，温度设为 32℃，相对湿度设为 75%，发酵 40 分钟后拿出。

11. 桌面撒点高筋粉，拿出一条放在桌面上，用手轻拍排气。

12. 将流沙馅装入裱花袋，挤在面团中间。

13. 将收口捏紧。

14. 将面团调整成图中展示的形状，放在垫有高温布的网盘架上，进入醒发箱，温度设为 32℃，相对湿度设为 75%，发酵 40 分钟。

15. 在面团表面盖上安佳芝士片，然后进炉，上火设为 230℃，下火设为 190℃，时间设为 9 分钟，并按蒸汽 2 秒。

16. 出炉后震盘拿出。

榴槤杞果

烘烤标准

🔥 上火 230℃ | 🔥 下火 200℃ | 🕐 时间 8分钟 | 💨 蒸汽 2秒

榴槤杞果馅

原材料	重量
榴槤奶露	125 克
奶油芝士	125 克
细砂糖	60 克
D24 榴槤果肉	250 克

馅料部分

 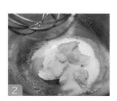 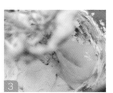 

1. 准备好奶油芝士、榴槤奶露、细砂糖和 D24 榴槤果肉，放入不锈钢盆中备用。
2. 将奶油芝士与细砂糖混合拌匀。
3. 加入榴槤奶露与 D24 榴槤果肉，拌匀。
4. 榴槤杞果馅。

面包制作部分

主面团

原材料	重量
白燕特级高筋粉	980 克
软欧特级杞果粉	100 克
膳食纤维素粉	40 克
细砂糖	60 克
低钠盐	8 克
汤种	100 克
新鲜酵母 / 干酵母	24 克 /12 克
水	720 克
焙萨特级杞果奶露	100 克
安佳黄油	20 克

面团制作

慢速搅拌	2 分钟
快速搅拌	8 分钟
出缸面温	25℃
面团分割	250 克
发酵温度	32℃
发酵湿度	75%

1. 依次准备好高筋粉、干酵母、膳食纤维素粉、软欧特级杞果粉、盐、汤种和细砂糖，一起称。水、特级杞果奶露和黄油单独称。
2. 将高筋粉、干酵母、膳食纤维素粉、软欧特级杞果粉、盐、汤种、细砂糖、水和特级杞果奶露混合，先慢速搅拌 2 分钟，再快速搅拌 8 分钟左右。
3. 打到面筋扩展后再加入黄油，慢速把黄油搅拌均匀，使面团柔软。
4. 取出打好的面团放在烤盘上，放醒发箱发酵 40 分钟，温度设为 32℃，相对湿度设为 75%，体积是原来的两倍时拿出。
5. 分割面团，250 克一个。
6. 用手轻拍面团，排出三分之一的气体。
7. 从上收三分之一到中间，按紧。
8. 从下收三分之一到中间，按紧。
9. 用手从一个方向推压收口。
10. 从中间用力，均匀地往两边搓成一个长条状，长度 40 厘米左右。
11. 将面团依次放在烤盘上，放醒发箱，温度设为 32℃，相对湿度设为 75%，发酵 40 分钟后拿出。
12. 桌面撒点高筋粉，拿出一条放在桌面上，用手轻拍排气。
13. 将榴梿杞果馅装入裱花袋，挤在面团中间。
14. 收口依次收紧。
15. 将面团盘绕成图中展示的形状，放在垫有高温布的网盘架上，进入醒发箱，温度设为 32℃，相对湿度设为 75%，发酵 40 分钟。
16. 在面团表面撒上高筋粉，边上用剪刀剪 2 刀。然后进炉，上火设为 230℃，下火设为 200℃，时间设为 8 分钟，并按蒸汽 2 秒。
17. 出炉后震盘拿出。

超级榴梿王

烘烤标准

🔥 上火 230℃	🔥 下火 200℃	🕐 时间 8分钟	🍃 蒸汽 2秒

榴梿王馅

原材料	重量
榴梿奶露	125 克
奶油芝士	125 克
细砂糖	60 克
D24 榴梿果肉	250 克

装饰部分

原材料	重量
安佳黄油	100 克
细砂糖	100 克
白燕特级高筋粉	200 克

馅料部分

 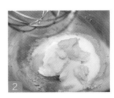  

1. 准备好奶油芝士、榴梿奶露、细砂糖和 D24 榴梿果肉，放入不锈钢盆中备用。
2. 将奶油芝士与细砂糖混合拌匀。
3. 加入榴梿奶露与 D24 榴梿果肉，拌匀。
4. 超级榴梿王馅。

装饰部分

1. 准备好黄油、细砂糖和高筋粉，放入不锈钢盆中备用。
2. 将所有材料混合，用手抓均匀。
3. 装饰酥粒。

面包制作部分

 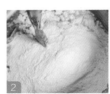  

1. 依次准备好高筋粉、干酵母、膳食纤维素粉、盐、汤种和细砂糖，一起称。水和黄油单独称。
2. 将高筋粉、干酵母、膳食纤维素粉、盐、汤种、细砂糖和水混合，先慢速搅拌 2 分钟，再快速搅拌 8 分钟左右。
3. 打到面筋扩展后再加入黄油，慢速把黄油搅拌均匀，充分溶入面团。
4. 取出打好的面团放在烤盘上，放醒发箱发酵 40 分钟，温度设为 32℃，相对湿度设为 75%，体积是原来的两倍时拿出。

主面团

原材料	重量
白燕特级高筋粉	1000 克
膳食纤维素粉	40 克
细砂糖	80 克
低钠盐	8 克
汤种	100 克
水	750 克
新鲜酵母 / 干酵母	24 克 / 12 克
安佳黄油	20 克

面团制作

慢速搅拌	2 分钟
快速搅拌	8 分钟
出缸面温	25℃
面团分割	230 克
发酵温度	32℃
发酵湿度	75%

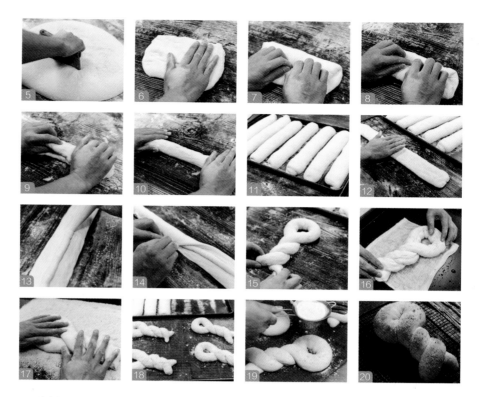

5. 分割面团，230 克一个。

6. 用手轻拍面团，排出三分之一的气体。

7. 两手用力均匀，从上向下收面团，按紧收口。

8. 从上收三分之一到中间，按紧。

9. 用手从一个方向推压收口。

10. 从中间用力，均匀地往两边搓成一个长条状，长度 40 厘米左右。

11. 将面团依次放在烤盘上，放醒发箱，温度设为 32℃，相对湿度设为 75%，发酵 40 分钟后拿出。

12. 桌面撒点高筋粉，拿出一条放在桌面上，用手轻拍排气。

13. 将超级榴梿王馅装入裱花袋，挤在面团中间。

14. 收口依次收紧。

15. 将长条面团对折，并交叉盘起。

16. 调整好形状之后，面团表面沾水。

17. 面团表面粘上酥粒。

18. 将面团放在垫有高温布的网盘架上，进入醒发箱，温度设为 32℃，相对湿度设为 75%，发酵 40 分钟。

19. 在面团表面撒上高筋粉，然后进炉，上火设为 230℃，下火设为 200℃，时间设为 8 分钟，并按蒸汽 2 秒。

20. 出炉后震盘拿出。

半个菠萝蜜

烘烤标准

🔥 上火 230℃ | 🔥 下火 190℃ | 🕐 时间 13分钟 | 🥦 蒸汽 2秒

奶油夹心

原材料	重量
植物奶油	350 克
淡奶油	150 克
咖啡酒	5 克

馅料部分

 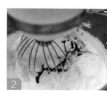 

1. 准备好植物奶油、淡奶油和咖啡酒，放入不锈钢盆中备用。
2. 将植物奶油和淡奶油打发到7成时，加入咖啡酒搅拌均匀。
3. 植物奶油馅。

表面装饰

圆菠萝片1切6
防潮糖粉

装饰部分

1. 准备好黄油、细砂糖、软欧特级菠萝粉和高筋粉，放入不锈钢盆中备用。
2. 将所有材料混合，用手抓均匀。
3. 菠萝蜜酥粒。

菠萝蜜酥粒

原材料	重量
安佳黄油	100 克
细砂糖	50 克
软欧特级菠萝粉	50 克
白燕特级高筋粉	200 克

面包制作部分

 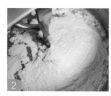 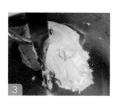 

1. 依次准备好高筋粉、干酵母、软欧特级菠萝粉、膳食纤维素粉、盐、汤种和细砂糖，一起称。水、特级菠萝果馅和黄油单独称。
2. 先倒入高筋粉、干酵母、膳食纤维素粉、盐、汤种和细砂糖，再加入水，先慢速搅拌2分钟，再快速搅拌8分钟左右。
3. 打到面筋扩展后再加入黄油，慢速把黄油搅拌均匀，充分溶入面团。
4. 加入特级菠萝果馅，搅拌均匀。

主面团

原材料	重量
白燕特级高筋粉	980 克
软欧特级菠萝粉	50 克
膳食纤维素粉	40 克
细砂糖	40 克
低钠盐	8 克
汤种	100 克
新鲜酵母 / 干酵母	24 克 / 12 克
水	700 克
安佳黄油	30 克
焙萨特级菠萝果馅	100 克

面团制作

慢速搅拌	2 分钟
快速搅拌	8 分钟
出缸面温	25℃
面团分割	200 克
发酵温度	32℃
发酵湿度	75%

5. 取出打好的面团放在烤盘上，放醒发箱发酵 40 分钟，温度设为 32℃，相对湿度设为 75%，体积是原来的两倍时拿出。

6. 分割面团，200 克一个。

7. 用手轻拍面团，排出三分之一的气体。

8. 从上收三分之一到中间，按紧。

9. 用手从一个方向推压收口。

10. 从中间用力，均匀地往两边搓成一个长条状，长度约 30 厘米，并将表面在毛巾上沾水。

11. 粘上菠萝蜜酥粒。

12. 将长条面团放在垫有高温布的网盘架上，进入醒发箱，温度设为 32℃，相对湿度设为 75%，发酵 40 分钟。然后进炉，上火设为 230℃，下火设为 190℃，时间设为 13 分钟，并按蒸汽 2 秒。

13. 将面包从中间切开，把植物奶油挤在中间，最后放上切好的菠萝片，撒上防潮糖粉。

奥利奥夹心

烘烤标准

🔥 上火 230℃ | 🔥 下火 200℃ | 🕐 时间 13分钟 | 🍃 蒸汽 2秒

奶油夹心

原材料	重量
植物奶油	350 克
淡奶油	150 克
咖啡酒	5 克

馅料部分

 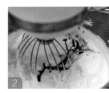 

1. 准备好植物奶油、淡奶油和咖啡酒，放入不锈钢盆中备用。
2. 将植物奶油和淡奶油打发到 7 成时，加入咖啡酒搅拌均匀。
3. 奥利奥奶油馅。

装饰部分

表面装饰

奥利奥饼干
防潮糖粉

1. 准备好黄油、细砂糖、高筋粉、可可粉和竹炭粉，放入不锈钢盆中备用。
2. 将所有材料混合，用手抓均匀。
3. 奥利奥夹心酥粒。

面包制作部分

奥利奥夹心酥粒

原材料	重量
安佳黄油	100 克
细砂糖	50 克
白燕特级高筋粉	200 克
可可粉	10 克
竹炭粉	4 克

1. 依次准备好高筋粉、干酵母、膳食纤维素粉、可可粉、竹炭粉、盐、汤种和细砂糖，一起称。水、软欧特级巧克力酱和耐烘烤巧克力豆单独称。
2. 将高筋粉、干酵母、膳食纤维素粉、可可粉、竹炭粉、盐、汤种、细砂糖、水和软欧特级巧克力酱混合，先慢速搅拌 2 分钟，再快速搅拌 8 分钟左右。
3. 加入耐烘烤巧克力豆，搅拌均匀。
4. 取出打好的面团放在烤盘上，放醒发箱发酵 40 分钟，温度设为 32℃，相对湿度设为 75%，体积是原来的两倍时拿出。

主面团

原材料	重量
白燕特级高筋粉	1000 克
可可粉	15 克
竹炭粉	8 克
膳食纤维素粉	40 克
细砂糖	50 克
低钠盐	8 克
汤种	100 克
新鲜酵母 / 干酵母	24 克 / 12 克
水	700 克
软欧特级巧克力酱	150 克
耐烘烤巧克力豆	200 克

面团制作

慢速搅拌	2 分钟
快速搅拌	8 分钟
出缸面温	25℃
面团分割	200 克
发酵温度	32℃
发酵湿度	75%

5. 分割面团，200 克一个。

6. 用手轻拍面团，排出三分之一的气体。

7. 从上收三分之一到中间，按紧。

8. 用手从一个方向推压收口。

9. 从中间用力，均匀地往两边搓成一个长条状，长度约 30 厘米。

10. 将长条面团表面在湿毛巾上均匀沾水。

11. 粘上奥利奥夹心酥粒。

12. 将长条面团放在垫有高温布的网盘架上，进入醒发箱，温度设为 32℃，相对湿度设为 75%，发酵 40 分钟。然后进炉，上火设为 230℃，下火设为 200℃，时间设为 13 分钟，并按蒸汽 2 秒。

13. 等 40 分钟，面包凉后从中间切开。

14. 将奶油夹心装在裱花袋中，挤在面包正中间，斜放奥利奥饼干，最后在表面撒上防潮糖粉。

巧克力芝士

烘烤标准

🔥 上火 230℃ | 🔥 下火 200℃ | 🕐 时间 8 分钟 | ☁ 蒸汽 2 秒

朗姆提子干

将 10 克朗姆酒倒入切碎的提子干里,浸泡 10 分钟左右。

巧克力芝士馅

原材料	重量
奶油芝士	200 克
细砂糖	100 克
炼乳	10 克
耐烘烤巧克力豆	100 克

馅料部分

 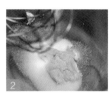 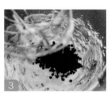 

1. 准备好奶油芝士、耐烘烤巧克力豆、细砂糖和炼乳,放入不锈钢盆中备用。
2. 将奶油芝士与细砂糖混合,搅拌拌匀。
3. 再加入炼乳、耐烘烤巧克力豆,搅拌均匀。
4. 巧克力芝士馅。

主面团

原材料	重量
白燕特级高筋粉	1000 克
可可粉	20 克
膳食纤维素粉	40 克
细砂糖	90 克
低钠盐	8 克
汤种	100 克
新鲜酵母 / 干酵母	24 克 / 12 克
水	700 克
巧克力酱	150 克
耐烘烤巧克力豆	150 克
朗姆提子干	100 克

面包制作部分

  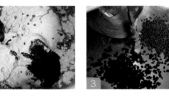 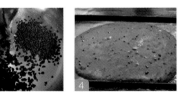

1. 依次准备好高筋粉、干酵母、膳食纤维素粉、可可粉、盐、汤种和细砂糖,一起称。水、巧克力酱、耐烘烤巧克力豆和朗姆提子干单独称。
2. 将高筋粉、干酵母、膳食纤维素粉、可可粉、盐、汤种、细砂糖、水和巧克力酱混合,先慢速搅拌 2 分钟,再快速搅拌 8 分钟左右。
3. 加入耐烘烤巧克力豆和朗姆提子干,搅拌均匀。
4. 取出打好的面团放在烤盘上,放醒发箱发酵 40 分钟,温度设为 32℃,相对湿度设为 75%,体积是原来的两倍时拿出。

面团制作

慢速搅拌	2 分钟
快速搅拌	8 分钟
出缸面温	25℃
面团分割	230 克
发酵温度	32℃
发酵湿度	75%

5. 分割面团，230 克一个。

6. 用手轻拍面团，排出三分之一的气体。

7. 从上收三分之一到中间，按紧。

8. 用手从上向下压，收口与底部接口重合。

9. 从中间用力，均匀地往两边搓成一个长条状，长度约 40 厘米。

10. 将面团依次放在烤盘上，放醒发箱，温度设为 32℃，相对湿度设为 75%，发酵 40 分钟后拿出。

11. 桌面撒点高筋粉，拿出一条放在桌面上，用手轻拍排气。

12. 将巧克力芝士馅装入裱花袋，挤在面团中间。

13. 收口依次收紧。

14. 将长条面团交叉缠绕。

15. 从上面把面团拿下，压住下面的两只脚。

16. 将面团放在垫有高温布的网盘架上，进入醒发箱，温度设为 32℃，相对湿度设为 75%，发酵 40 分钟。

17. 在面团表面撒上高筋粉，然后进炉，上火设为 230℃，下火设为 200℃，时间设为 8 分钟，并按蒸汽 2 秒。

18. 出炉后震盘拿出。

芝士火龙果

烘烤标准

🔥 上火 230℃ | 🔥 下火 200℃ | 🕐 时间 8分钟 | 🌫 蒸汽 2秒

芝士火龙果馅

原材料	重量
奶油芝士	200 克
细砂糖	100 克
炼乳	10 克

馅料部分

 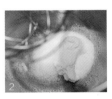 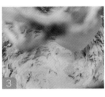 

1. 准备好奶油芝士、细砂糖和炼乳，放入不锈钢盆中备用。
2. 将奶油芝士与细砂糖混合，搅拌拌匀。
3. 加入炼乳，搅拌均匀。
4. 芝士火龙果馅。

主面团

原材料	重量
白燕特级高筋粉	700 克
白燕蛋糕专用粉	300 克
膳食纤维素粉	40 克
细砂糖	60 克
低钠盐	8 克
汤种	100 克
新鲜酵母 / 干酵母	24 克 / 12 克
水	700 克
软欧特级红心火龙果粉	60 克
安佳黄油	20 克

面包制作部分

   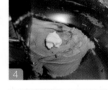

1. 依次准备好高筋粉、干蛋糕专用粉、干酵母、膳食纤维素粉、盐、汤种和细砂糖，一起称。水、软欧特级红心火龙果粉和黄油单独称。
2. 将水倒入软欧特级红心火龙果粉中，混合均匀。
3. 将高筋粉、干蛋糕专用粉、干酵母、膳食纤维素粉、盐、汤种、细砂糖倒入混合好的水中，先慢速搅拌 2 分钟，再快速搅拌 8 分钟左右。
4. 打到面筋扩展后再加入黄油，慢速把黄油搅拌均匀，充分溶入面团。
5. 取出打好的面团放在烤盘上，放醒发箱发酵 40 分钟，温度设为 32℃，相对湿度设为 75%，体积是原来的两倍时拿出。
6. 分割面团，230 克一个。
7. 用手轻拍面团，排出三分之一的气体。
8. 从上收三分之一到中间，按紧。

面团制作	
慢速搅拌	2 分钟
快速搅拌	8 分钟
出缸面温	25℃
面团分割	230 克
发酵温度	32℃
发酵湿度	75%

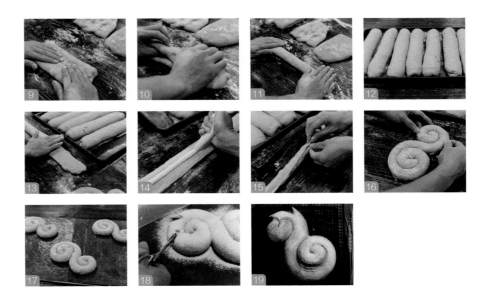

9. 再从下收三分之一到中间，按紧。

10. 用手从一个方向推压收口。

11. 从中间用力，均匀地往两边搓成一个长条状，长度约 40 厘米。

12. 将面团依次放在烤盘上，放醒发箱，温度设为 32℃，相对湿度设为 75%，发酵 40 分钟后拿出。

13. 桌面撒点高筋粉，拿出一条放在桌面上，用手轻拍排气。

14. 将芝士火龙果馅装入裱花袋，挤在面团中间。

15. 收口依次收紧。

16. 从头开始卷起，另一头也相应卷起，至一头大一头小。

17. 将面团放在垫有高温布的网盘架上，进入醒发箱，温度设为 32℃，相对湿度设为 75%，发酵 40 分钟。

18. 在面团表面撒上高筋粉，用剪刀在小的一头剪两刀，然后进炉，上火设为 230℃，下火设为 200℃，时间设为 8 分钟，并按蒸汽 2 秒。

19. 出炉后震盘拿出。

三色薯

烘烤标准

🔥 上火 230℃ | 🔥 下火 190℃ | ⏱ 时间 11分钟 | 🌫 蒸汽 2秒

红豆麻薯馅

原材料	重量
牛奶	150 克
淡奶油	50 克
细砂糖	50 克
黄油	10 克
糯米粉	80 克
粟粉	30 克
红豆粒	100 克

馅料部分

1. 分别将牛奶、淡奶油、细砂糖和黄油放一起，糯米粉和粟粉放一起，红豆粒单独放，放入不锈钢盆中备用。
2. 将牛奶、淡奶油、细砂糖、黄油一起隔水加热，至黄油与细砂糖熔化。
3. 加入糯米粉和粟粉，搅拌均匀。
4. 加入红豆粒，搅拌均匀。
5. 将红豆麻薯馅盖上保鲜膜，备用。

面皮部分

白波纹皮

原材料	重量
白燕特级面包粉	60 克
白燕蛋糕专用粉	80 克
杏仁粉	50 克
糖粉	50 克
黄油	120 克

绿波纹皮

原材料	重量
白燕特级面包粉	60 克
白燕蛋糕专用粉	80 克
杏仁粉	50 克
糖粉	40 克
黄油	120 克
软欧特级螺旋藻粉	10 克

红波纹皮

原材料	重量
白燕特级面包粉	60 克
白燕蛋糕专用粉	80 克
杏仁粉	50 克
糖粉	40 克
黄油	120 克
软欧特级红曲米粉	10 克

1. 准备好特级面包粉、蛋糕专用粉、杏仁粉和糖粉，一起称。黄油单独称，放入不锈钢盆中备用。
2. 将所有材料混合，用手抓均匀。
3. 白波纹皮。
4. 准备好特级面包粉、蛋糕专用粉、杏仁粉、糖粉和软欧特级螺旋藻粉，一起称。黄油单独称，放入不锈钢盆中备用。
5. 将所有材料混合，用手抓均匀。
6. 绿波纹皮。
7. 准备好特级面包粉、蛋糕专用粉、杏仁粉、糖粉和软欧特级红曲米粉，一起称。黄油单独称，放入不锈钢盆中备用。
8. 将所有材料混合，用手抓均匀。
9. 红波纹皮。
10. 将红豆麻薯馅用裱花袋装起来备用。
11. 分别将三种色皮分成每个 25 克的小面团并搓圆，搓好的色皮放到烤盘上备用。

面包制作部分

主面团

原材料	重量
白燕特级面包粉	1000 克
膳食纤维素粉	40 克
细砂糖	80 克
低钠盐	8 克
汤种	100 克
新鲜酵母 / 干酵母	24 克 / 12 克
水	700 克
黄油	30 克

  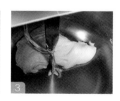

1. 依次准备好高筋粉、干酵母、膳食纤维素粉、盐、汤种和细砂糖，一起称。水和黄油单独称。
2. 将高筋粉、干酵母、膳食纤维素粉、盐、汤种和细砂糖倒入水中，先慢速搅拌 2 分钟，再快速搅拌 8 分钟左右。
3. 打到面筋扩展后再加入黄油，慢速把黄油搅拌均匀，充分溶入面团。

面团制作

慢速搅拌	2 分钟
快速搅拌	8 分钟
出缸面温	25℃
面团分割	3×70 克
发酵温度	32℃
发酵湿度	75%
装饰部分	3×25 克

4. 取出打好的面团放在烤盘上，放醒发箱发酵 40 分钟，温度设为 32℃，相对湿度设为 75%，体积是原来的两倍时拿出。

5. 分割面团，70 克一个。

6. 收成圆形。

7. 依次放在烤盘上，放醒发箱，温度设为 32℃，相对湿度设为 75%，发酵 40 分钟后拿出。

8. 桌面撒点高筋粉，拿出一个放在桌面上，用手轻拍排气。

9. 将红豆麻薯馅装入裱花袋，挤在面团中间。

10. 收口并将面团调整成圆形。

11. 包好三个带馅面团，准备三色面皮，用手将三色面皮压平，盖在面团上。

12. 将面团放在垫有高温布的网盘架上，进入醒发箱，温度设为 32℃，相对湿度设为 75%，发酵 40 分钟后，在面团表面撒上高筋粉，然后进炉，上火设为 230℃，下火设为 190℃，时间设为 11 分钟，并按蒸汽 2 秒。

13. 出炉后震盘拿出。

榛巧魔法棒

烘烤标准

🔥 上火 230℃ | 🔥 下火 190℃ | 🕐 时间 9分钟 | 🌫 蒸汽 2秒

榛巧酱

原材料	重量
黄油	150 克
糖粉	150 克
鸡蛋	150 克
白燕蛋糕专用粉	100 克
榛子粉	50 克
牛奶	10 克

馅料部分

1. 准备好黄油、糖粉、鸡蛋、蛋糕专用粉、榛子粉和牛奶，放入不锈钢盆中备用。
2. 倒入黄油、牛奶、糖粉，搅拌均匀。
3. 加入鸡蛋，搅拌均匀。
4. 加入榛子粉和蛋糕专用粉，搅拌均匀。
5. 榛巧酱。

主面团

原材料	重量
白燕特级高筋粉	1000 克
膳食纤维素粉	40 克
可可粉	10 克
细砂糖	90 克
低钠盐	8 克
汤种	100 克
新鲜酵母 / 干酵母	24 克 / 12 克
水	700 克
焙萨脆皮黑巧克力酱	100 克
耐烘烤巧克力豆	100 克
朗姆提子干	50 克

面包制作部分

 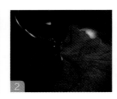  

1. 依次准备好高筋粉、干酵母、膳食纤维素粉、可可粉、盐、汤种和细砂糖，一起称。水和脆皮黑巧克力酱一起称，耐烘烤巧克力豆和朗姆提子干一起称。
2. 将高筋粉、干酵母、膳食纤维素粉、可可粉、盐、汤种、细砂糖、水和脆皮黑巧克力酱混合，先慢速搅拌 2 分钟，再快速搅拌 8 分钟左右。
3. 加入耐烘烤巧克力豆和朗姆提子干，搅拌均匀。
4. 取出打好的面团放在烤盘上，放醒发箱发酵 40 分钟，温度设为 32℃，相对湿度设为 75%，体积是原来的两倍时拿出。

面团制作

慢速搅拌	2 分钟
快速搅拌	8 分钟
出缸面温	25℃
面团分割	230 克
发酵温度	32℃
发酵湿度	75%

5. 分割面团，230 克一个。

6. 用手轻拍面团，排出三分之一的气体。

7. 从上收三分之一到中间，按紧。

8. 用手从一个方向推压收口。

9. 从中间用力，均匀地往两边搓成一个长条状，长度 40 厘米左右。

10. 依次放在烤盘上，放醒发箱，温度设为 32℃，相对湿度设为 75%，发酵 40 分钟后拿出。

11. 从一头收口，压紧下面。

12. 依次向后推。

13. 搓成细长条状并对折，两边长度相同。

14. 从上向绕起，并收口处捏紧。

15. 将面团放在垫有高温布的网盘架上，进入醒发箱，温度设为 32℃，相对湿度设为 75%，发酵 40 分钟后，将榛巧酱装入裱花袋中，挤在面团表面上。

16. 撒上耐烘烤巧克力豆。

17. 进炉，上火设为 230℃，下火设为 190℃，时间设为 9 分钟，并按蒸汽 2 秒。

18. 出炉后震盘拿出。

柠香芝士

烘烤标准

 上火 230℃ | 下火 190℃ | 🕐 时间 12 分钟 | 蒸汽 2 秒

柠香芝士馅

原材料	重量
奶油芝士	600 克
软欧特级柠檬粉	50 克
细砂糖	200 克
炼乳	30 克
柠檬丝	2 克

馅料部分

 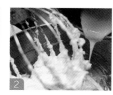 

1. 准备好奶油芝士、软欧特级柠檬粉、细砂糖、炼乳和柠檬丝，放不锈钢盆中备用。
2. 将奶油芝士与细砂糖混合拌匀后，加炼乳、柠檬丝、软欧特级柠檬粉，搅拌均匀。
3. 柠香芝士馅。

主面团

原材料	重量
白燕特级高筋粉	1000 克
软欧特级柠檬粉	50 克
膳食纤维素粉	40 克
细砂糖	60 克
低钠盐	8 克
汤种	100 克
新鲜酵母 / 干酵母	24 克 / 12 克
水	700 克
黄油	30 克
柠檬丝	3 克
柠檬干	100 克

面包制作部分

 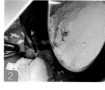  

1. 依次准备好高筋粉、干酵母、膳食纤维素粉、软欧特级柠檬粉、盐、汤种和细砂糖，一起称。水、柠檬丝、柠檬干一起称，黄油单独称。
2. 将高筋粉、干酵母、膳食纤维素粉、软欧特级柠檬粉、盐、汤种和细砂糖倒入水中，先慢速搅拌 2 分钟，再快速搅拌 8 分钟左右。
3. 打到面筋扩展后再加入黄油，慢速把黄油搅拌均匀，充分溶入面团。
4. 分 320 克面团出来，剩下的面团加柠檬丝、柠檬干，搅拌均匀。
5. 取出打好的面团放在烤盘上，放醒发箱发酵 40 分钟，温度设为 32℃，相对湿度设为 75%，体积是原来的两倍时拿出。
6. 分割面团，小面团分为 20 克一个，大面团分为 160 克一个。
7. 160 克的面团收圆。
8. 20 克的面团滚圆。

面团制作

慢速搅拌	2 分钟
快速搅拌	8 分钟
出缸面温	25℃
面团分割	2×20 克和 160 克
发酵温度	32℃
发酵湿度	75%

9. 放醒发箱发酵 40 分钟，温度设为 32℃，相对湿度设为 75%，体积是原来的两倍时拿出。用手轻拍面团，排出三分之一的气体，将柠香芝士馅装入裱花袋中，挤在中间。

10. 收口整成圆形。

11. 20 克小面团搓成长条形。

12. 包馅面团用擀面杖擀平。

13. 把 2 个 20 克的长条形面团中间缠绕在一起，把包馅的面团放在上面。

14. 背上四个头两两交叉。

15. 在后面收口捏紧，再翻过来。

16. 将面团放在垫有高温布的网盘架上，进入醒发箱，温度设为 32℃，相对湿度设为 75%，发酵 40 分钟后，表面撒高筋粉。

17. 进炉，上火设为 230℃，下火设为 190℃，时间设为 12 分钟，并按蒸汽 2 秒。

18. 出炉后震盘拿出。

杧果芝士

烘烤标准

| 🔥 上火 230℃ | 🔥 下火 210℃ | ⏱ 时间 11分钟 | 蒸汽 2秒 |

馅料部分

杧果芝士馅

原材料	重量
奶油芝士	600 克
软欧特级杧果粉	100 克
细砂糖	300 克
炼乳	30 克

1. 准备好奶油芝士、软欧特级杧果粉、细砂糖和炼乳，放不锈钢盆中备用。
2. 将奶油芝士与细砂糖混合拌匀后，加炼乳、软欧特级杧果粉，搅拌均匀。
3. 杧果芝士馅。

主面团

原材料	重量
白燕特级高筋粉	1000 克
软欧特级杞果粉	50 克
膳食纤维素粉	40 克
细砂糖	60 克
低钠盐	8 克
汤种	100 克
新鲜酵母 / 干酵母	24 克 / 12 克
水	720 克
黄油	30 克
杞果干	100 克

面团制作

慢速搅拌	2 分钟
快速搅拌	8 分钟
出缸面温	25℃
面团分割	250 克
发酵温度	32℃
发酵湿度	75%

面包制作部分

1. 依次准备好高筋粉、干酵母、膳食纤维素粉、软欧特级杞果粉、盐、汤种和细砂糖，一起称。水、杞果干、黄油单独称。

2. 将高筋粉、干酵母、膳食纤维素粉、软欧特级杞果粉、盐、汤种和细砂糖倒入水中，先慢速搅拌 2 分钟，再快速搅拌 8 分钟左右。

3. 加入杞果干，搅拌均匀。

4. 取出打好的面团放在烤盘上，放醒发箱发酵 40 分钟，温度设为 32℃，相对湿度设为 75%，体积是原来的两倍时拿出。

5. 分割面团，250 克一个。

6. 用手轻拍面团，排出三分之一的气体，并从上收三分之一到中间，按紧。

7. 用手从一个方向推压收口。

8. 从中间用力，均匀地往两边搓成一个长条状，长度 40 厘米左右。

9. 将高筋粉撒在条纹发酵篮里。

10. 用手轻拍面团，排出三分之一的气体。

11. 将杞果芝士馅装入裱花袋中，挤在中间。

12. 收口依次收紧。

13. 将面团放在发酵篮中，并在表面撒上高筋粉。

14. 盖上发酵布，发酵 40 分钟。

15. 进炉，上火设为 230℃，下火设为 210℃，时间设为 11 分钟，并按蒸汽 2 秒。

16. 出炉后震盘拿出，将切碎的杞果放正中间。

艺术装饰
面包制作

开刀类

南瓜蜜

烘烤标准

| 上火 220℃ | 下火 210℃ | 时间 16分钟 | 蒸汽 3秒 |

馅料部分

1. 南瓜切片。
2. 将南瓜片盖上锡纸，放电磁炉上小火蒸 25 分钟左右。
3. 蒸熟的南瓜泥。

主面团

原材料	重量
白燕特级高筋粉	800 克
白燕全麦面包粉	200 克
膳食纤维素粉	40 克
低钠盐	10 克
汤种	100 克
新鲜酵母 / 干酵母	24 克 / 12 克
蒸熟新鲜南瓜泥	450 克
淡奶油	400 克
蜂蜜	20 克
黄油	20 克
杏干	200 克
主面团	760 克
副面团	1300 克 + 杏干 100 克

面团制作

慢速搅拌	2 分钟
快速搅拌	8 分钟
出缸面温	25℃
面团分割	100 克和 200 克
发酵温度	32℃
发酵湿度	75%

面包制作部分

1. 依次准备好高筋粉、全麦面包粉、干酵母、膳食纤维素粉、盐、汤种和细砂糖，一起称。水、蒸熟的南瓜泥、蜂蜜、淡奶油、黄油、杏干单独称。
2. 将高筋粉、全麦面包粉、干酵母、膳食纤维素粉、盐、汤种、细砂糖、水和蒸熟的南瓜泥混合，先慢速搅拌 2 分钟，再快速搅拌 8 分钟左右。
3. 打到面筋扩展后再加入黄油，慢速把黄油搅拌均匀，充分溶入面团。
4. 取 760 克面团出来，用来做皮。剩下的 1300 克面团加杏干，搅拌均匀。
5. 取出打好的面团放在烤盘上，放醒发箱发酵 40 分钟，温度设为 32℃，相对湿度设为 75%，体积是原来的两倍时拿出。
6. 分割面团，主面团分为 100 克一个，副面团分为 200 克一个。
7. 收成圆形，放醒发箱，温度设为 32℃，相对湿度设为 75%，发酵 40 分钟后拿出。
8. 100 克的面团用擀面杖擀平，最后形成大椭圆形。

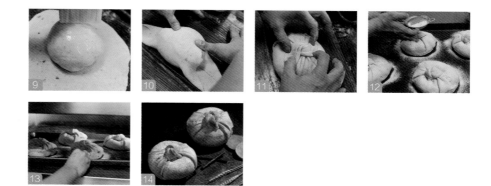

9. 将发好的 200 克面团放在面皮上，并在表面刷水。
10. 将两边的面皮分别往中间收。
11. 将面皮两头交叉，绕一圈，并将两头按在面包结下面。
12. 将面团放烤盘架上，放醒发箱，温度设为 32℃，相对湿度设为 75%。发酵 40 分钟后，在面团表面撒上高筋粉。
13. 进炉，上火设为 220℃，下火设为 210℃，时间设为 16 分钟，并按蒸汽 3 秒。
14. 出炉后震盘拿出。

菠菜肉骨头

烘烤标准

🔥 上火 230℃ | 🔥 下火 190℃ | 🕐 时间 12分钟 | 蒸汽 2秒

主面团

原材料	重量
白燕特级高筋粉	1000 克
软欧特级菠菜粉	30 克
膳食纤维素粉	40 克
细砂糖	40 克
低钠盐	15 克
液态酵种	100 克
汤种	100 克
新鲜酵母 / 干酵母	24 克 / 12 克
水	700 克
洋葱丝	100 克
小茴香碎	5 克

材料准备部分

1. 将切碎的培根肉和黑胡椒混合，搅拌均匀。
2. 将马苏里拉奶酪切成小块备用。
3. 将芝士粉放在烤盘上备用。
4. 准备好沾水的湿毛巾备用。

面团制作

慢速搅拌	2 分钟
快速搅拌	8 分钟
出缸面温	25℃
面团分割	250 克
发酵温度	32℃
发酵湿度	75%

面包制作部分

 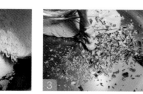 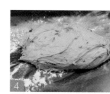

1. 依次准备好高筋粉、干酵母、膳食纤维素粉、软欧特级菠菜粉、盐、汤种、液态酵种和细砂糖，一起称。水、洋葱丝、小茴香碎单独称。
2. 将高筋粉、干酵母、膳食纤维素粉、软欧特级菠菜粉、盐、汤种、液态酵种和细砂糖倒入水中，先慢速搅拌 2 分钟，再快速搅拌 8 分钟左右。
3. 加入洋葱丝和小茴香碎，搅拌均匀。
4. 取出打好的面团放在烤盘上，放醒发箱发酵 40 分钟，温度设为 32℃，相对湿度设为 75%，体积是原来的两倍时拿出。
5. 将面团分割成 250 克一个，并用手轻拍面团，排出三分之一的气体。
6. 从上收三分之一到中间，按紧。
7. 用手从一个方向推压收口。
8. 从中间用力，均匀地往两边搓成一个长条状，长度 40 厘米左右。依次放在烤盘上，放醒发箱，温度设为 32℃，相对湿度设为 75%，发酵 40 分钟后拿出。

9. 两边各留下约 8 厘米的长度，中间包黑胡椒培根肉和马苏里拉奶酪。

10. 将面团包起，收口依次收紧。

11. 两头剪开，每个角收起合口。

12. 再将每个角都卷起来。

13. 在面团表面刷水。

14. 每个面团均匀粘上芝士粉。

15. 将面团放在垫有高温布的网盘架上，一盘最多放 4 个。进入醒发箱，温度设为 32℃，相对湿度设为 75%，发酵 40 分钟。

16. 进炉，上火设为 230℃，下火设为 190℃，时间设为 12 分钟，并按蒸汽 2 秒。

17. 出炉后震盘拿出。

芝心大咖

烘烤标准

🔥 上火 230℃ | 🔥 下火 190℃ | 🕐 时间 8 分钟 | ☁ 蒸汽 2 秒

芝心大咖馅

原材料	重量
奶油芝士	400 克
细砂糖	200 克
炼乳	20 克

馅料部分

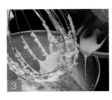

1. 准备好奶油芝士、细砂糖和炼乳，放不锈钢盆中备用。
2. 奶油芝士与细砂糖混合拌匀。
3. 加入炼乳，搅拌均匀。
4. 芝心大咖馅。

主面团

原材料	重量
白燕特级高筋粉	1000 克
膳食纤维素粉	40 克
细砂糖	80 克
低钠盐	8 克
汤种	100 克
新鲜酵母 / 干酵母	24 克 / 12 克
水	650 克
炼乳	20 克
淡奶油	100 克
黄油	30 克
橙皮干	150 克

面团制作

慢速搅拌	2 分钟
快速搅拌	8 分钟
出缸面温	25℃
面团分割	230 克
发酵温度	32℃
发酵湿度	75%

面包制作部分

1. 依次准备好高筋粉、干酵母、膳食纤维素粉、盐、汤种和细砂糖，一起称。水、淡奶油一起称，炼乳、黄油、橙皮干单独称。
2. 将高筋粉、干酵母、膳食纤维素粉、盐、汤种、细砂糖、水、淡奶油、炼乳混合，先慢速搅拌 2 分钟，再快速搅拌 8 分钟左右。
3. 打到面筋扩展后再加入黄油，慢速把黄油搅拌均匀，充分溶入面团。
4. 加入橙皮干，搅拌均匀。
5. 取出打好的面团放在烤盘上，放醒发箱发酵 40 分钟，温度设为 32℃，相对湿度设为75%，体积是原来的两倍时拿出。
6. 分割面团，230 克一个。
7. 用手轻拍面团，排出三分之一的气体。并从上收三分之一到中间，按紧。
8. 用手从一个方向推压收口。

9. 从中间用力，均匀地往两边搓成一个长条状，长度 40 厘米左右。

10. 依次放在烤盘上，放醒发箱，温度设为 32℃，相对湿度设为 75%，发酵 40 分钟后拿出。

11. 桌面撒点高筋粉，拿出一条放在桌面上，用手轻拍排气。

12. 将芝心大咖馅装入裱花袋中，挤在中间。

13. 收口依次收紧。

14. 盘绕一下，两头向下收，合口，调整成一个心形。

15. 将面团放在垫有高温布的网盘架上，进入醒发箱，温度设为 32℃，相对湿度设为 75%，发酵 40 分钟。

16. 用条纹纸撒上高筋粉，然后进炉，上火设为 230℃，下火设为 190℃，时间设为 8 分钟，并按蒸汽 2 秒。

17. 出炉后震盘拿出。

抹茶朵朵

烘烤标准

 上火 220℃ | 下火 190℃ | 时间 10 分钟 | 蒸汽 2 秒

抹茶朵朵馅

原材料	重量
糖渍红豆	100 克
耐烘烤巧克力豆	100 克
Q 心馅	100 克

抹茶酥粒

原材料	重量
黄油	100 克
细砂糖	200 克
抹茶粉	20 克
白燕蛋糕专用粉	200 克

主面团

原材料	重量
白燕特级高筋粉	1000 克
膳食纤维素粉	40 克
抹茶粉	15 克
细砂糖	70 克
低钠盐	8 克
汤种	100 克
新鲜酵母 / 干酵母	24 克 / 12 克
水	750 克
黄油	20 克

馅料部分

将糖渍红豆、耐烘烤巧克力豆和 Q 心馅混合均匀，放不锈钢盆中备用。

装饰部分

1. 准备好黄油、抹茶粉、细砂糖、蛋糕专用粉，放不锈钢盆中备用。
2. 所有材料混合均匀，用手搓至没有大颗粒。
3. 将抹茶酥粒倒入烤盘备用。

面包制作部分

1. 依次准备好高筋粉、干酵母、膳食纤维素粉、盐、抹茶粉、汤种和细砂糖，一起称。水、黄油单独称。
2. 将高筋粉、干酵母、膳食纤维素粉、盐、抹茶粉、汤种和细砂糖倒入水中，先慢速搅拌 2 分钟，再快速搅拌 8 分钟左右。
3. 打到面筋扩展后再加入黄油，慢速把黄油搅拌均匀，充分溶入面团。打好的面团光滑，有弹性。
4. 取出打好的面团放在烤盘上，放醒发箱发酵 40 分钟，温度设为 32℃，相对湿度设为 75%，体积是原来的两倍时拿出。

面团制作

慢速搅拌	2 分钟
快速搅拌	8 分钟
出缸面温	25℃
面团分割	70 克和 150 克
发酵温度	32℃
发酵湿度	75%

5. 把面团分成 1300 克和 700 克。

6. 将大面团分为 150 克一个，小面团分为 70 克一个。

7. 先收出表面光滑的一面。

8. 再将底部收口捏紧。

9. 大小面团全部收圆，依次放在烤盘上，放醒发箱，温度设为 32℃，相对湿度设为 75%，发酵 40 分钟后拿出。

10. 70 克的小面团用擀面杖擀平，形成一个圆形。150 克的大面团包抹茶朵朵馅后，表面刷油、粘上抹茶酥粒，放到面皮上。

11. 将面皮收口收紧。

12. 将面团翻过来，正面朝上。

13. 将面团依次放在烤盘上，放醒发箱，温度设为 32℃，相对湿度设为 75%，发酵 40 分钟后拿出。

14. 把面皮割开。

15. 把 4 个角都切开。

16. 得到的 8 个角全部往中间收，大拇指粘粉向下按。

17. 表面撒上高筋粉，然后进炉，上火设为 220℃，下火设为 190℃，时间设为 10 分钟，并按蒸汽 2 秒。

18. 出炉后震盘拿出。

抹茶芝士圈

烘烤标准

🔥 上火 220℃	🔥 下火 190℃	🕐 时间 10分钟	💨 蒸汽 2秒

抹茶芝士圈馅

原材料	重量
奶油芝士	400 克
新西兰奶粉	50 克
细砂糖	100 克
糖渍红豆	150 克

馅料部分

1. 分别准备好奶油芝士、新西兰奶粉、细砂糖和糖渍红豆，放不锈钢盆中备用。
2. 将奶油芝士与细砂糖混合，搅拌均匀。
3. 加入新西兰奶粉和糖渍红豆，搅拌均匀。
4. 抹茶芝士圈馅。

主面团

原材料	重量
白燕特级高筋粉	1000 克
膳食纤维素粉	40 克
抹茶粉	15 克
细砂糖	70 克
低钠盐	8 克
汤种	100 克
新鲜酵母 / 干酵母	24 克 / 12 克
水	750 克
黄油	20 克

面团制作

慢速搅拌	2 分钟
快速搅拌	8 分钟
出缸面温	25℃
面团分割	230 克
发酵温度	32℃
发酵湿度	75%

面包制作部分

1. 依次准备好高筋粉、干酵母、膳食纤维素粉、盐、汤种、细砂糖和抹茶粉，一起称。水、黄油单独称。

2. 将高筋粉、干酵母、膳食纤维素粉、盐、汤种、细砂糖和抹茶粉倒入水中，先慢速搅拌 2 分钟，再快速搅拌 8 分钟左右。

3. 打到面筋扩展后再加入黄油，慢速把黄油搅拌均匀，充分溶入面团。打好的面团光滑，有弹性。

4. 取出打好的面团放在烤盘上，放醒发箱发酵 40 分钟，温度设为 32℃，相对湿度设为 75%，体积是原来的两倍时拿出。

5. 分割面团，230 克一个。

6. 用手轻拍面团，排出三分之一的气体。

7. 从上收三分之一到中间，按紧。

8. 用手从一个方向推压收口，放醒发箱，温度设为 32℃，相对湿度设为 75%，发酵 40 分钟后拿出。

9. 桌面撒点高筋粉，拿出一条放在桌面上，用手轻拍排气。

10. 将抹茶芝士圈馅装入裱花袋中，挤在中间。

11. 收口依次收紧。

12. 最后留 5 厘米左右，用擀面杖擀开，把头包进去，并把收口收紧。

13. 将面团放在垫有高温布的网盘架上，进入醒发箱，温度设为 32℃，相对湿度设为 75%，发酵 40 分钟。

14. 用条纹纸撒上高筋粉，然后进炉，上火设为 220℃，下火设为 190℃，时间设为 10 分钟，并按蒸汽 2 秒。

15. 出炉后震盘拿出。

提拉米苏

烘烤标准

上火 230℃	下火 190℃	时间 10分钟	蒸汽 2秒

咖啡酱

原材料	重量
黄油	100 克
糖粉	100 克
鸡蛋	100 克
白燕蛋糕专用粉	100 克
咖啡酒	15 克
咖啡粉	5 克

装饰部分

1. 分别准备好黄油、糖粉、鸡蛋、蛋糕专用粉、咖啡酒和咖啡粉，放不锈钢盆中备用。
2. 先将黄油、咖啡粉混合，搅拌均匀后加鸡蛋，继续搅拌均匀。
3. 加入咖啡酒、加入细砂糖，搅拌均匀。
4. 加入蛋糕专用粉，搅拌均匀。
5. 咖啡酱。

朗姆芝士馅

原材料	重量
奶油芝士	200 克
细砂糖	50 克
朗姆酒	20 克

馅料部分

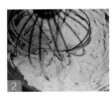

1. 分别准备好奶油芝士、朗姆酒和细砂糖，放不锈钢盆中备用。
2. 先将奶油芝士与细砂糖混合，搅拌均匀后加入朗姆酒，继续搅拌均匀。
3. 朗姆芝士馅。

主面团

原材料	重量
白燕特级高筋粉	1000 克
膳食纤维素粉	40 克
咖啡粉	15 克
细砂糖	80 克
低钠盐	8 克
汤种	100 克
新鲜酵母 / 干酵母	24 克 / 12 克
水	700 克
黄油	30 克

面团制作

慢速搅拌	2 分钟
快速搅拌	8 分钟
出缸面温	25℃
面团分割	250 克
发酵温度	32℃
发酵湿度	75%

面包制作部分

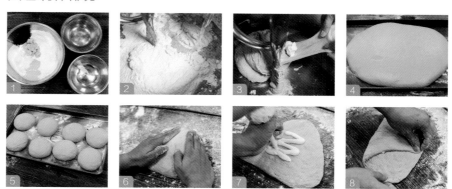

1. 依次准备好高筋粉、干酵母、膳食纤维素粉、咖啡粉、盐、汤种和细砂糖，一起称。水、黄油单独称。
2. 将高筋粉、干酵母、膳食纤维素粉、咖啡粉、盐、汤种和细砂糖倒入水中，先慢速搅拌 2 分钟，再快速搅拌 8 分钟左右。
3. 打到面筋扩展后再加入黄油，慢速把黄油搅拌均匀，充分溶入面团。打好的面团光滑，有弹性。
4. 取出打好的面团放在烤盘上，放醒发箱发酵 40 分钟，温度设为 32℃，相对湿度设为 75%，体积是原来的两倍时拿出。
5. 把面团分割为 250 克一个，收口整成圆形，放醒发箱发酵 40 分钟，温度设为 32℃，相对湿度设为 75%。
6. 桌面撒点高筋粉，拿出一个放在桌面上，用手轻拍排气。
7. 将面团调整成三角形，把朗姆芝士馅装入裱花袋中，挤在中间。
8. 先拿其中一个角向上，按紧。

9. 对折第二个角。
10. 收紧第三个角，最终形成一个三角形。
11. 将三角形面团反转过来，收口朝下放在垫有高温布的网盘架上，进入醒发箱，温度设为 32℃，相对湿度设为 75%，发酵 40 分钟。
12. 用图案模具将高筋粉撒在面团正中间。
13. 把咖啡酱挤在三角形面团的三个角上。
14. 进炉，上火设为 230℃，下火设为 190℃，时间设为 10 分钟，并按蒸汽 2 秒。
15. 出炉后震盘拿出。

焙蕾熊宝宝

烘烤标准

🔥 上火 230℃　🔥 下火 190℃　🕐 时间 10分钟

珍珠

原材料	重量
水	500 克
珍珠粒	100 克

珍珠馅

原材料	重量
奶油芝士	200 克
细砂糖	50 克
耐烘烤巧克力豆	50 克
熟珍珠	100 克

馅料部分

1. 分别准备好水和珍珠粒，放不锈钢盆中备用。
2. 将水倒入珍珠粒中并放在电磁炉上开小火慢煮，大约 20 分钟后珍珠粒慢慢变黑。
3. 将珍珠粒过筛，晾凉后备用。
4. 准备好奶油芝士、耐烘烤巧克力豆、细砂糖和熟珍珠粒，放不锈钢盆中备用。

主面团

原材料	重量
白燕特级高筋粉	700 克
白燕蛋糕粉专用粉	300 克
膳食纤维素粉	40 克
可可粉	25 克
细砂糖	150 克
低钠盐	10 克
汤种	100 克
新鲜酵母 / 干酵母	24 克 / 12 克
水	700 克
黄油	30 克

5. 将奶油芝士与细砂糖混合，搅拌均匀。

6. 加入耐烘烤巧克力豆和熟珍珠粒，搅拌均匀。

7. 珍珠馅。

面团制作

面团制作	
慢速搅拌	2 分钟
快速搅拌	8 分钟
出缸面温	25℃
面团分割	20 克和 140 克
发酵温度	32℃
发酵湿度	75%

面包制作部分

1. 依次准备好高筋粉、蛋糕粉专用粉、干酵母、膳食纤维素粉、可可粉、盐、汤种和细砂糖，一起称。水、黄油单独称。

2. 将高筋粉、蛋糕粉专用粉、干酵母、膳食纤维素粉、可可粉、盐、汤种和细砂糖倒入水中，先慢速搅拌 2 分钟，再快速搅拌 8 分钟左右。

3. 打到面筋扩展后再加入黄油，慢速把黄油搅拌均匀，充分溶入面团。

4. 取出打好的面团放在烤盘上，放醒发箱发酵 40 分钟，温度设为 32℃，相对湿度设为 75%，体积是原来的两倍时拿出。

5. 切分面团，大面团每个 140 克，小面团每个 20 克，每两个为一组。

6. 大面团和小面团全部收口整成圆形，依次放在烤盘上，放醒发箱，温度设为 32℃，相对湿度设为 75%，发酵 40 分钟后拿出。

7. 桌面撒点高筋粉，先拿出 140 克的大面团放在桌面上，用手轻拍排气。

8. 将珍珠馅装入裱花袋中，挤在面团中间。

9. 收口收紧，将其作为熊宝宝的头部。

10. 20 克的小面团同样包馅。

11. 小面团收成圆形，作为熊宝宝的耳朵，做好后放在烤盘上。

12. 进入醒发箱，温度设为 32℃，相对湿度设为 75%，发酵 40 分钟，将底部干净的烤盘盖在上面。然后进炉，上火设为 230℃，下火设为 190℃，时间设为 10 分钟。

13. 出炉后震盘拿出。

百香果蜂蜜

烘烤标准

 上火 220℃ | 下火 200℃ | 时间 13分钟 | 蒸汽 2秒

百香果蜂蜜馅

原材料	重量
奶油芝士	200 克
细砂糖	120 克
软欧特级百香果粉	50 克

百香果装饰粉

原材料	重量
白燕特级高筋粉	100 克
软欧特级百香果粉	30 克

主面团

原材料	重量
白燕特级高筋粉	700 克
白燕蛋糕粉专用粉	300 克
膳食纤维素粉	40 克
细砂糖	30 克
低钠盐	10 克
汤种	100 克
新鲜酵母 / 干酵母	24 克 / 12 克
蜂蜜	50 克
水	640 克
黄油	30 克

馅料部分

 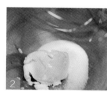 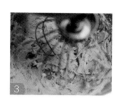 

1. 分别准备好奶油芝士、软欧特级百香果粉和细砂糖，放不锈钢盆中备用。
2. 将奶油芝士与细砂糖混合，搅拌均匀。
3. 加入软欧特级百香果粉，搅拌均匀。
4. 百香果蜂蜜馅。

装饰部分

1. 分别准备好高筋粉和软欧特级百香果粉，放不锈钢盆中备用。
2. 将两种材料混合均匀，得到百香果装饰粉。

面包制作部分

1. 依次准备好高筋粉、蛋糕粉专用粉、干酵母、膳食纤维素粉、盐、汤种和细砂糖，一起称。水、蜂蜜和黄油单独称。
2. 将高筋粉、蛋糕粉专用粉、干酵母、膳食纤维素粉、盐、汤种、细砂糖、水和蜂蜜混合，先慢速搅拌 2 分钟，再快速搅拌 8 分钟左右。
3. 打到面筋扩展后再加入黄油，慢速把黄油搅拌均匀，充分溶入面团。

面团制作

慢速搅拌	2 分钟
快速搅拌	8 分钟
出缸面温	25℃
面团分割	120 克
发酵温度	32℃
发酵湿度	75%

4. 取出打好的面团放在烤盘上，放醒发箱发酵 40 分钟，温度设为 32℃，相对湿度设为 75%，体积是原来的两倍时拿出。

5. 把面团分割为 120 克一个，收口整成圆形，依次放在烤盘上，放醒发箱，温度设为 32℃，相对湿度设为 75%，发酵 40 分钟后拿出。

6. 桌面撒点高筋粉，将面团拿出放在桌面上，用手轻拍排气。

7. 将百香果蜂蜜馅装入裱花袋中，挤在面团中间。

8. 收口包住馅料，并将收口全部合紧。

9. 将面团放在垫有高温布的网盘架上，取出其中一个面团用擀面杖擀平，用八角模具压在面皮上。

10. 将压好的面皮放在包馅面团的正中间，并在大拇指上粘上高筋粉，轻轻按在面团正中间。

11. 进入醒发箱，温度设为 32℃，相对湿度设为 75%，发酵 40 分钟后，大拇指再次按下。

12. 面团表面撒上高筋粉，进炉，上火设为 220℃，下火设为 200℃，时间设为 13 分钟，并按蒸汽 2 秒。

13. 出炉后震盘拿出。

紫米麻薯

烘烤标准

🔥 上火 220℃ | 🔥 下火 200℃ | ⏱ 时间 12分钟 | ☁ 蒸汽 2秒

紫米糊

原材料	重量
牛奶	400 克
细砂糖	50 克
现打紫米粉	200 克

紫米麻薯馅

原材料	重量
紫米糊	650 克
红豆粒	200 克
Q 心馅	200 克

馅料部分

1. 将牛奶和细砂糖混合均匀。
2. 加入现打紫米粉搅拌均匀，形成紫米糊。
3. 将紫米糊、红豆粒和 Q 心馅准备好，放不锈钢盆中备用。
4. 将紫米糊和红豆粒搅拌均匀后加 Q 心馅。
5. 紫米麻薯馅。

主面团

原材料	重量
白燕特级高筋粉	1000 克
膳食纤维素粉	40 克
软欧特级大麦粉	20 克
细砂糖	70 克
低钠盐	8 克
汤种	100 克
新鲜酵母 / 干酵母	24 克 / 12 克
水	700 克
黄油	20 克

面团制作

慢速搅拌	2 分钟
快速搅拌	8 分钟
出缸面温	25℃
面团分割	3×70 克
发酵温度	32℃
发酵湿度	75%

面包制作部分

1. 依次准备好高筋粉、干酵母、膳食纤维素粉、软欧特级大麦粉、盐、汤种和细砂糖，一起称。水、黄油单独称。

2. 将高筋粉、干酵母、膳食纤维素粉、软欧特级大麦粉、盐、汤种和细砂糖倒入水中，先慢速搅拌 2 分钟，再快速搅拌 8 分钟左右。

3. 打到面筋扩展后再加入黄油，慢速把黄油搅拌均匀，充分溶入面团。

4. 取出打好的面团放在烤盘上，放醒发箱发酵 40 分钟，温度设为 32℃，相对湿度设为 75%，体积是原来的两倍时拿出。

5. 把面团分割为 70 克一个，收口整成圆形，依次放在烤盘上，放醒发箱，温度设为 32℃，相对湿度设为 75%，发酵 40 分钟后拿出。

6. 桌面撒点高筋粉，将面团拿出放在桌面上，用手轻拍，排出三分之一的气体。

7. 将紫米麻薯馅装入裱花袋中，挤在中间。

8. 收口包住馅料，并最终收成圆形。

9. 三个一组，将面团放在垫有高温布的网盘架上，进入醒发箱，温度设为 32℃，相对湿度设为 75%，发酵 40 分钟。

10. 将蛋糕叉放在面团上并撒上高筋粉。

11. 在一组面团正中间放一个圆形的剪纸，把没撒到的粉补上。

12. 面团表面撒上高筋粉，进炉，上火设为 220℃，下火设为 200℃，时间设为 12 分钟，并按蒸汽 2 秒。

13. 出炉后震盘拿出。

金枪鱼

烘烤标准

🔥 上火 230℃ | 🔥 下火 210℃ | 🕐 时间 4 分钟 | ☁ 蒸汽 2 秒

🔥 上火 220℃ | 🔥 下火 190℃ | 🕐 时间 10 分钟

金枪鱼馅

原材料	重量
油浸金枪鱼	370 克
大孔芝士碎	150 克
洋葱丝	150 克
黑胡椒	2 克

表面装饰

帕玛臣芝士粉	

主面团

原材料	重量
白燕特级筋粉	800 克
白燕蛋糕专用粉	200 克
膳食纤维素粉	40 克
细砂糖	40 克
低钠盐	15 克
液态酵种	100 克
汤种	100 克
新鲜酵母 / 干酵母	24 克 / 12 克
水	680 克
黄油	20 克
洋葱丝	100 克
玉米粒	100 克

馅料部分

1. 准备好油浸金枪鱼、大孔芝士碎、洋葱丝、黑胡椒，放不锈钢盆中备用。
2. 将油浸金枪鱼与黑胡椒混合，搅拌均匀。
3. 再加入大孔芝士碎和洋葱丝，搅拌均匀。

面包制作部分

1. 依次准备好高筋粉、蛋糕专用粉、干酵母、膳食纤维素粉、盐、汤种、液态酵种和细砂糖，一起称。水、洋葱丝、玉米粒、黄油单独称。
2. 将高筋粉、蛋糕专用粉、干酵母、膳食纤维素粉、盐、汤种、液态酵种和细砂糖倒入水中，先慢速搅拌 2 分钟，再快速搅拌 8 分钟左右。
3. 打到面筋扩展后再加入黄油，慢速把黄油搅拌均匀，充分溶入面团。
4. 加入洋葱丝和玉米粒，搅拌均匀。
5. 取出打好的面团放在烤盘上，放醒发箱发酵 40 分钟，温度设为 32℃，相对湿度设为 75%，体积是原来的两倍时拿出。
6. 将面团分割为 180 克一个，收口整成圆形，依次放在烤盘上。放醒发箱，温度设为 32℃，相对湿度设为 75%，发酵 40 分钟后拿出。
7. 桌面撒点高筋粉，将面团拿出放在桌面上，用手轻拍排气，并将面团拉成图中形状。
8. 将面团表面铺上金枪鱼馅。

面团制作

慢速搅拌	2 分钟
快速搅拌	8 分钟
出缸面温	25℃
面团分割	180 克
发酵温度	32℃
发酵湿度	75%

9. 从上收三分之一到中间，按紧。

10. 从上往下收，与底部收口合起推压，将收口按紧。

11. 将面团放在正面沾水的毛巾上湿润。

12. 将面团粘上芝士粉。

13. 将面团醒发箱，温度设为 32℃，相对湿度设为 75%，发酵 40 分钟后进炉，上火设为 230℃，下火设为 210℃，时间设为 4 分钟，并按蒸汽 2 秒。然后将上火改为 220℃，下火改为 190℃，再烤 10 分钟。

14. 出炉后震盘拿出。

紫薯糯

烘烤标准

 上火 230℃ | 下火 200℃ | 时间 8 分钟 | 蒸汽 2 秒

 上火 220℃ | 下火 200℃ | 时间 3 分钟

紫薯馅

原材料	重量
奶油芝士	200 克
细砂糖	50 克
炼乳	30 克
紫薯泥块	350 克

馅料部分

  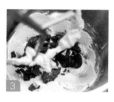 

1. 准备好奶油芝士、紫薯泥块（提前烤好）、细砂糖和炼乳，放不锈钢盆中备用。
2. 将奶油芝士与细砂糖混合，搅拌均匀。
3. 再加入炼乳与紫薯泥块，搅拌均匀。
4. 紫薯馅。

主面团

原材料	重量
白燕特级高筋粉	800 克
白燕蛋糕专用粉	200 克
软欧特级紫薯粉	100 克
膳食纤维素粉	40 克
细砂糖	50 克
低钠盐	10 克
汤种	100 克
新鲜酵母 / 干酵母	24 克 / 12 克
水	650 克
淡奶油	200 克
紫薯泥	200 克
黄油	20 克

面包制作部分

 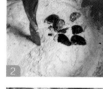  

1. 依次准备好高筋粉、蛋糕专用粉、软欧特级紫薯粉、干酵母、膳食纤维素粉、盐、汤种和细砂糖，一起称。水、紫薯泥、淡奶油和黄油单独称。
2. 将高筋粉、蛋糕专用粉、软欧特级紫薯粉、干酵母、膳食纤维素粉、盐、汤种和细砂糖倒入水中，先慢速搅拌 2 分钟，再快速搅拌 8 分钟左右。
3. 打到面筋扩展后再加入黄油，慢速把黄油搅拌均匀，充分溶入面团。
4. 取出打好的面团放在烤盘上，放醒发箱发酵 40 分钟，温度设为 32℃，相对湿度设为 75%，体积是原来的两倍时拿出。
5. 将面团分割为 230 克一个。
6. 桌面撒点高筋粉，将面团放在桌面上，用手轻拍，排出三分之一的气体。
7. 从上收三分之一到中间，按紧。
8. 接着向下收，与下面收口合在一起。

面团制作

慢速搅拌	2 分钟
快速搅拌	8 分钟
出缸面温	25℃
面团分割	230 克
发酵温度	32℃
发酵湿度	75%

9. 从中间用力，均匀地往两边搓成一个长条状，长度 40 厘米左右。

10. 将面团依次放在烤盘上，放醒发箱，温度设为 32℃，相对湿度设为 75%，发酵 40 分钟后拿出。

11. 桌面撒点高筋粉，拿出一条放在桌面上，用手轻拍排气。

12. 将紫薯馅装入裱花袋中，挤在中间，最后尾部留出 4 厘米。

13. 从一边开始收口，收到尾部。

14. 用尾部包住另一头，并将收口收紧。

15. 将面团放在垫有高温布的网盘架上，进入醒发箱，温度设为 32℃，相对湿度设为 75%，发酵 40 分钟。

16. 在面团表面撒上高筋粉，并用刀片轻轻划 4 刀。然后进炉，上火设为 230℃，下火设为 200℃，时间设为 8 分钟，并按蒸汽 2 秒。然后将上火改为 220℃，下火改为 200℃，再烤 3 分钟。

17. 出炉后震盘拿出。

德国腊肠犬

烘烤标准

🔥 上火 230℃　🔥 下火 190℃　🕐 时间 12分钟　♨ 蒸汽 2秒

面包制作部分

  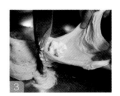 

主面团

原材料	重量
白燕特级高筋粉	1000 克
膳食纤维素粉	40 克
细砂糖	50 克
低钠盐	15 克
液态酵种	100 克
汤种	100 克
新鲜酵母 / 干酵母	24 克 /12 克
水	640 克
罗勒青酱	50 克
黄油	30 克

辅料

原材料	数量
35 厘米原味香肠	12 个

1. 依次准备好准备高筋粉、干酵母、膳食纤维素粉、盐、汤种、液态酵种和细砂糖，一起称。水、罗勒青酱和黄油单独称。

2. 将高筋粉、干酵母、膳食纤维素粉、盐、汤种、液态酵种、细砂糖、水和罗勒青酱混合，先慢速搅拌 2 分钟，再快速搅拌 8 分钟左右。

3. 打到面筋扩展后再加入黄油，慢速把黄油搅拌均匀，充分溶入面团。

4. 取出打好的面团放在烤盘上，放醒发箱发酵 40 分钟，温度设为 32℃，相对湿度设为 75%，体积是原来的两倍时拿出。

面团制作

慢速搅拌	2 分钟
快速搅拌	8 分钟
出缸面温	25℃
面团分割	160 克
发酵温度	32℃
发酵湿度	75%

5. 将面团分割为 160 克一个。

6. 桌面撒点高筋粉，将面团放在桌面上，用手轻拍，排出三分之一的气体。

7. 从上收三分之一到中间，按紧。

8. 用手从一个方向推压收口。

9. 从中间用力，均匀地往两边搓成一个长条状，长度 40 厘米左右。

10. 将面团依次放在烤盘上，放醒发箱，温度设为 32℃，相对湿度设为 75%，发酵 40 分钟后拿出。

11. 桌面撒点高筋粉，拿出一条放在桌面上，用手轻拍，排出三分之一的气体。

12. 将提前准备好的 35 厘米长的原味香肠放在正中间。

13. 从一边开始收口，收到尾部。

14. 将面团放在垫有高温布的网盘架上，进入醒发箱，温度设为 32℃，相对湿度设为 75%，发酵 40 分钟后拿出。

15. 在面团表面撒上高筋粉，并用刀划开面皮，直至露出里面的香肠。

16. 划 5 刀后进炉，上火设为 230℃，下火设为 190℃，时间设为 12 分钟，并按蒸汽 2 秒。

17. 出炉后震盘拿出。

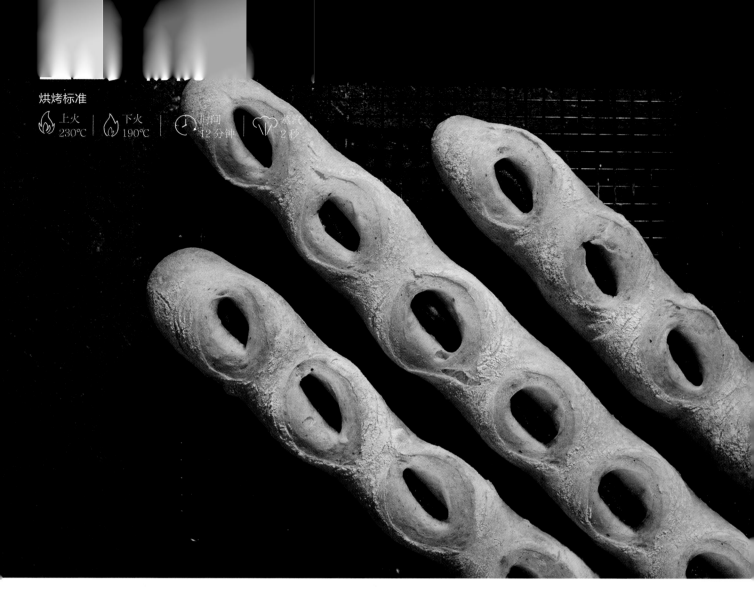

烘烤标准

🔥 上火 230℃ | 🔥 下火 190℃ | 🕐 时间 12分钟 | ☁ 蒸汽 2秒

主面团

原材料	重量
白燕特级高筋粉	1000 克
膳食纤维素粉	40 克
细砂糖	50 克
低钠盐	15 克
液态酵种	100 克
汤种	100 克
新鲜酵母 / 干酵母	24 克 / 12 克
水	650 克
罗勒青酱	50 克
黄油	30 克

辅料

原材料	数量
35 厘米墨鱼香肠	12 个

面包制作部分

 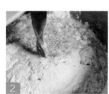  

1. 依次准备好高筋粉、干酵母、膳食纤维素粉、盐、汤种、液态酵种和细砂糖，一起称。水、罗勒青酱和黄油单独称。
2. 将高筋粉、干酵母、膳食纤维素粉、盐、汤种、液态酵种、细砂糖、水和罗勒青酱混合，先慢速搅拌 2 分钟，再快速搅拌 8 分钟左右。
3. 打到面筋扩展后再加入黄油，慢速把黄油搅拌均匀，充分溶入面团。
4. 取出打好的面团放在烤盘上，放醒发箱发酵 40 分钟，温度设为 32℃，相对湿度设为 75%，体积是原来的两倍时拿出。

面团制作

慢速搅拌	2 分钟
快速搅拌	8 分钟
出缸面温	25℃
面团分割	160 克
发酵温度	32℃
发酵湿度	75%

5. 将面团分割为 160 克一个。

6. 桌面撒点高筋粉，将面团放在桌面上，用手轻拍，排出三分之一的气体。

7. 从上收三分之一到中间，按紧。

8. 用手从一个方向推压收口。

9. 从中间用力，均匀地往两边搓成一个长条状，长度 40 厘米左右。

10. 将面团依次放在烤盘上，放醒发箱，温度设为 32℃，相对湿度设为 75%，发酵 40 分钟后拿出。

11. 桌面撒点高筋粉，拿出一条放在桌面上，用手轻拍，排出三分之一的气体。

12. 将提前准备好的 35 厘米长的墨鱼香肠放在正中间。

13. 从一边开始收口，收到尾部。

14. 将面团放在垫有高温布的网盘架上，进入醒发箱，温度设为 32℃，相对湿度设为 75%，发酵 40 分钟后拿出。

15. 在面团表面撒上高筋粉，并用刀划开面皮，直至露出里面的墨鱼香肠。

16. 划 5 刀后进炉，上火设为 230℃，下火设为 190℃，时间设为 12 分钟，并按蒸汽 2 秒。

17. 出炉后震盘拿出。

魔杖

烘烤标准

| 上火 230℃ | 下火 190℃ | 时间 12分钟 | 蒸汽 2秒 |

主面团

原材料	重量
白燕特级高筋粉	1000 克
膳食纤维素粉	40 克
细砂糖	50 克
低钠盐	15 克
液态酵种	100 克
汤种	100 克
新鲜酵母 / 干酵母	24 克 /12 克
水	640 克
罗勒青酱	50 克
黄油	30 克

辅料

原材料	数量
35 厘米原味香肠	12 个

面包制作部分

 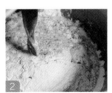  

1. 依次准备好高筋粉、干酵母、膳食纤维素粉、盐、汤种、液态酵种和细砂糖，一起称。水、罗勒青酱和黄油单独称。

2. 将高筋粉、干酵母、膳食纤维素粉、盐、汤种、液态酵种、细砂糖、水和罗勒青酱混合，先慢速搅拌 2 分钟，再快速搅拌 8 分钟左右。

3. 打到面筋扩展后再加入黄油，慢速把黄油搅拌均匀，充分溶入面团。

4. 取出打好的面团放在烤盘上，放醒发箱发酵 40 分钟，温度设为 32℃，相对湿度设为 75%，体积是原来的两倍时拿出。

面团制作

慢速搅拌	2 分钟
快速搅拌	8 分钟
出缸面温	25℃
面团分割	160 克
发酵温度	32℃
发酵湿度	75%

5. 将面团分割为 160 克一个。

6. 桌面撒点高筋粉，将面团放在桌面上，用手轻拍，排出三分之一的气体。

7. 从上收三分之一到中间，按紧。

8. 用手从一个方向推压收口。

9. 从中间用力，均匀地往两边搓成一个长条状，长度 40 厘米左右。

10. 将面团依次放在烤盘上，放醒发箱，温度设为 32℃，相对湿度设为 75%，发酵 40 分钟后拿出。

11. 桌面撒点高筋粉，拿出一条放在桌面上，用手将面团的气体排干净，并收成长条。

12. 将长条面团用力搓长，缠绕在提前准备好的 35 厘米长的原味香肠上，注意中间要有间隔。

13. 将面团放在垫有高温布的网盘架上，进入醒发箱，温度设为 32℃，相对湿度设为 75%，发酵 40 分钟后拿出。

14. 在面团表面撒上高筋粉，并用毛刷将香肠上面的高筋粉刷去。进炉，上火设为 230℃，下火设为 190℃，时间设为 12 分钟，并按蒸汽 2 秒。

15. 出炉后震盘拿出。

焙蕾脏脏包

烘烤标准

🔥 上火 230℃ | 🔥 下火 210℃ | 🕐 时间 13分钟 | 🌫 蒸汽 2秒

酱料部分

巧克力卡仕达酱

原材料	重量
全脂牛奶	500 克
焙萨脆皮黑巧克力酱	100 克
焙萨速溶卡仕达粉	150 克
淡奶油	100 克
咖啡酒	10 克

1. 准备好全脂牛奶、脆皮黑巧克力酱、速溶卡仕达粉、淡奶油和咖啡酒，放不锈钢盆中备用。
2. 将全脂牛奶和速溶卡仕达粉混合，搅拌均匀。
3. 加入咖啡酒，搅拌均匀。
4. 加入淡奶油，搅拌均匀。
5. 加入脆皮黑巧克力酱，搅拌均匀。
6. 巧克力卡仕达酱。

馅料部分

焙蕾脏脏包馅

原材料	重量
奶油芝士	200 克
细砂糖	50 克
巧克力卡仕达酱	200 克
耐烘烤巧克力豆	200 克

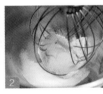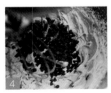

1. 准备好奶油芝士、巧克力卡仕达酱、细砂糖和耐烘烤巧克力豆，放不锈钢盆中备用。
2. 将奶油芝士与细砂糖混合，搅拌均匀。
3. 加入巧克力卡仕达酱，搅拌均匀。
4. 加入耐烘烤巧克力豆，搅拌均匀。
5. 焙蕾脏脏包馅。

巧克力酱

原材料	重量
巧克力	300 克

装饰粉

原材料	重量
可可粉	100 克

主面团

原材料	重量
白燕特级高筋粉	1000 克
可可粉	15 克
膳食纤维素粉	40 克
细砂糖	50 克
低钠盐	10 克
葡萄种	100 克
汤种	100 克
新鲜酵母 / 干酵母	20 克 / 10 克
焙萨脆皮黑巧克力酱	150 克
水	650 克
黄油	20 克

面团制作

慢速搅拌	2 分钟
快速搅拌	8 分钟
出缸面温	25℃
面团分割	230 克
发酵温度	32℃
发酵湿度	75%

表面装饰部分

1. 将巧克力隔水放在电磁炉上。
2. 小火蒸至巧克力熔化，得到巧克力酱。
3. 表面装饰可可粉。

面包制作部分

1. 依次准备好高筋粉、可可粉、干酵母、膳食纤维素粉、盐、汤种、葡萄种和细砂糖，一起称。水、脆皮黑巧克力酱和黄油单独称。
2. 将除黄油外的所有材料倒入面缸中，先慢速搅拌 2 分钟，再快速搅拌 8 分钟左右。
3. 打到面筋扩展后再加入黄油，慢速把黄油搅拌均匀，充分溶入面团。
4. 取出打好的面团放在烤盘上，放醒发箱发酵 40 分钟，温度设为 32℃，相对湿度设为 75%，体积是原来的两倍时拿出。
5. 将面团分割为 230 克一个。
6. 用手轻拍面团，排出三分之一的气体，并从上收三分之一到中间，按紧。
7. 用手从一个方向推压收口。
8. 从中间用力，均匀地往两边搓成一个长条状，长度 40 厘米左右。

9. 将高筋粉撒在条纹发酵篮里。

10. 面团放醒发箱，温度设为 32℃，相对湿度设为 75%，发酵 40 分钟后拿出，用手轻拍面团，排出三分之一的气体。

11. 将焙蕾脏脏包馅装入裱花袋中，挤在中间。

12. 依次收口。

13. 盘绕起来，两头收口相接。

14. 将收好形状的面团放入发酵篮，进入醒发箱，温度设为 32℃，相对湿度设为 75%，发酵 40 分钟后拿出。

15. 从发酵篮中拿出面团，放到烤盘上，进炉，上火设为 230℃，下火设为 210℃，时间设为 13 分钟，并按蒸汽 2 秒。

16. 出炉后震盘拿出，面包冷却后，在表面刷熔化的巧克力酱。

17. 最后撒上可可粉。

18. 焙蕾脏脏包。

艺术装饰
面包制作

编织类

霸气火龙果

烘烤标准

| 上火 230℃ | 下火 200℃ | 时间 11 分钟 | 蒸汽 2 秒 |

霸气火龙果馅

原材料	重量
奶油芝士	150 克
细砂糖	30 克
炼乳	20 克
新鲜红心火龙果小块	200 克
焙萨速溶卡仕达粉	50 克

馅料部分

 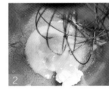 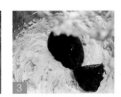 

1. 准备好奶油芝士、新鲜红心火龙果小块、细砂糖、炼乳和速溶卡仕达粉，放不锈钢盆中备用。
2. 将奶油芝士、细砂糖、炼乳混合，搅拌均匀。
3. 加入速溶卡仕达粉和新鲜红心火龙果小块，搅拌均匀。
4. 霸气火龙果馅。

主面团

原材料	重量
白燕特级高筋粉	700 克
白燕蛋糕专用粉	300 克
膳食纤维素粉	40 克
细砂糖	50 克
低钠盐	8 克
汤种	100 克
新鲜酵母 / 干酵母	24 克 / 12 克
水	700 克
软欧特级红心火龙果粉	60 克
安佳黄油	20 克

面团制作

慢速搅拌	2 分钟
快速搅拌	8 分钟
出缸面温	25℃
面团分割	180 克
发酵温度	32℃
发酵湿度	75%

面包制作部分

1. 依次准备好高筋粉、蛋糕专用粉、干酵母、膳食纤维素粉、盐、汤种和细砂糖，一起称。水、软欧特级红心火龙果粉和黄油单独称。
2. 将水倒入软欧特级红心火龙果粉中拌匀。
3. 将除黄油外的所有材料倒入面缸中，先慢速搅拌 2 分钟，再快速搅拌 8 分钟左右。
4. 打到面筋扩展后再加入黄油，慢速把黄油搅拌均匀，充分溶入面团。
5. 取出打好的面团放在烤盘上，放醒发箱发酵 40 分钟，温度设为 32℃，相对湿度设为 75%，体积是原来的两倍时拿出。
6. 将面团分割为 180 克一个。
7. 将面团收口整成圆形，依次放在烤盘上，放醒发箱，温度设为 32℃，相对湿度设为 75%，发酵 40 分钟后拿出。
8. 桌面撒点高筋粉，拿出一个放在桌面上，用手轻拍排气。
9. 用擀面杖上下擀开，并拉开两角。
10. 将霸气火龙果馅装入裱花袋中，挤在中间。
11. 收口，将馅包起。
12. 依次卷起。
13. 将卷起的面团放在烤盘上，放醒发箱，温度设为 32℃，相对湿度设为 75%，发酵 40 分钟后在表面撒上高筋粉。
14. 如图所示，用剪刀依序向下剪。
15. 进炉，上火设为 230℃，下火设为 200℃，时间设为 11 分钟，并按蒸汽 2 秒。
16. 出炉后震盘拿出。

买买提

烘烤标准

🔥 上火
230℃

🔥 下火
210℃

🕐 时间
16 分钟

🍃 蒸汽
2 秒

主面团

原材料	重量
白燕金马日式面包粉	950 克
膳食纤维素粉	40 克
细砂糖	30 克
低钠盐	10 克
汤种	100 克
葡萄种	100 克
新鲜酵母 / 干酵母	16 克 / 8 克
水	650 克
黄油	20 克

副面团

原材料	重量
主面团	1000 克
提子干	300 克

面团制作

慢速搅拌	2 分钟
快速搅拌	8 分钟
出缸面温	25℃
面团分割	100 克和 200 克
发酵温度	32℃
发酵湿度	75%

面包制作部分

1. 依次准备好金马日式面包粉、干酵母、膳食纤维素粉、盐、葡萄种和细砂糖，一起称。水、提子干和黄油单独称。

2. 将金马日式面包粉、干酵母、膳食纤维素粉、盐、葡萄种和细砂糖倒入水中，先慢速搅拌 2 分钟，再快速搅拌 8 分钟左右。

3. 打到面筋扩展后再加入黄油，慢速把黄油搅拌均匀，充分溶入面团。将打好的面团分为 1000 克和 300 克。

4. 将切碎的提子干加入 1000 克的面团中，搅拌均匀。

5. 取出打好的面团放在烤盘上，放醒发箱发酵 40 分钟，温度设为 32℃，相对湿度设为 75%，体积是原来的两倍时拿出。

6. 将含提子干的面团分为 200 克一个，没含提子干的面团分为 100 克一个。

7. 将两种大小的面团都收口整成圆形，依次放在烤盘上，放醒发箱，温度设为 32℃，相对湿度设为 75%，发酵 40 分钟后拿出。

8. 将不含提子干的面团用擀面杖擀成面皮，注意厚度要一致。

9. 用分面刮板将面皮对分为两块。

10. 将 200 克面团收成橄榄形，放在切好的面皮上，然后缠绕起来。

11. 两结口收下，按到面团中央。

12. 将橄榄形的面团两头剪开。

13. 剪好的两头向里卷起。

14. 将模具放在面团上，并撒上高筋粉。进炉，上火设为 230℃，下火设为 210℃，时间设为 16 分钟，并按蒸汽 2 秒。

15. 出炉后震盘拿出。

黑麦黑椒牛肉

烘烤标准

🔥 上火 230℃	🔥 下火 210℃	🕐 时间 14 分钟	🍞 蒸汽 3 秒

红酒蛋黄酱

原材料	重量
蛋黄酱	200 克
红酒	30 克

装饰粉

原材料	重量
金马日式面包粉	200 克
孜然粉	20 克

主面团

原材料	重量
金马日式面包粉	800 克
BourgeoisT170 黑小麦石磨粉	200 克
膳食纤维素粉	40 克
黑麦酸面种	100 克
低钠盐	15 克
新鲜酵母 / 干酵母	16 克 /8 克
水	700 克
黄油	20 克
细黑胡椒碎	6 克

面团制作

慢速搅拌	2 分钟
快速搅拌	8 分钟
出缸面温	25℃
面团分割	230 克
发酵温度	32℃
发酵湿度	75%

酱料和装饰部分

1. 将蛋黄酱和红酒混合均匀，放不锈钢盆中备用。
2. 将金马日式面包粉和孜然粉混合均匀，放不锈钢盆中备用。

面包制作部分

  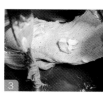 

1. 依次准备好金马日式面包粉，BourgeoisT170 黑小麦石磨粉、干酵母、膳食纤维素粉、盐和黑麦酸面种，一起称。水、细黑胡椒碎和黄油单独称。
2. 将除黄油外的所有材料倒入面缸中，先慢速搅拌 2 分钟，再快速搅拌 8 分钟左右。
3. 打到面筋扩展后再加入黄油，慢速把黄油搅拌均匀，充分溶入面团。
4. 取出打好的面团放在烤盘上，放醒发箱发酵 40 分钟，温度设为 32℃，相对湿度设为 75%，体积是原来的两倍时拿出。
5. 将面团分割为 180 克一个。
6. 将面团收口整成圆形，依次放在烤盘上，放醒发箱，温度设为 32℃，相对湿度设为 75%，发酵 40 分钟后拿出。
7. 桌面撒点高筋粉，拿出一个放在桌面上，用手轻拍排气。
8. 从上收三分之一到中间，按紧。

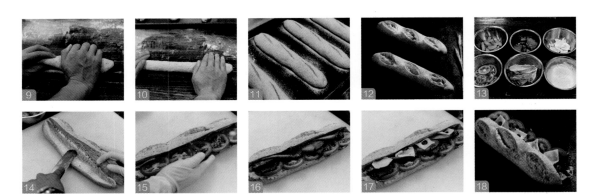

成品加工（个）

| 红酒蛋黄酱 |
| 有机生菜 |
| 新鲜番茄片 |
| 大孔芝士 |
| 黑椒牛肉 |
| 酸青瓜 |

9. 用手从一个方向推压收口。

10. 从中间用力，均匀地往两边搓成一个长条状。

11. 将面团依次放在烤盘上，放醒发箱，温度设为32℃，相对湿度设为75%，发酵40分钟后表面撒上高筋粉。划3刀进炉，上火设为230℃，下火设为210℃，时间设为14分钟，并按蒸汽3秒。

12. 出炉后震盘拿出。

13. 依次准备好红酒蛋黄酱、有机生菜、新鲜番茄片、大孔芝士、黑椒牛肉和酸青瓜。

14. 将面包从中间切开，抹上红酒蛋黄酱。

15. 摆上有机生菜和新鲜番茄片。

16. 再放上黑椒牛肉和酸青瓜。

17. 最后放上大孔芝士。

18. 黑麦黑椒牛肉面包。

黑麦芥末金枪鱼

烘烤标准

🔥 上火 230℃ | 🔥 下火 210℃ | 🕐 时间 15分钟 | 💧 蒸汽 3秒

原材料	重量
黑芝麻	50 克
白芝麻	50 克
亚麻子	50 克
葵花子	50 克
南瓜子	50 克
杏仁片	50 克

黑椒蛋黄酱

原材料	重量
蛋黄酱	200 克
黑胡椒	5 克

主面团

原材料	重量
金马日式面包粉	800 克
BourgeoisT170 黑小麦石磨粉	200 克
膳食纤维素粉	40 克
黑麦酸面种	100 克
低钠盐	15 克
新鲜酵母 / 干酵母	16 克 / 8 克
水	700 克
黄油	20 克
六谷	100 克

面团制作

慢速搅拌	2 分钟
快速搅拌	8 分钟
出缸面温	25℃
面团分割	230 克
发酵温度	32℃
发酵湿度	75%

酱料和装饰部分

1. 准备好葵花子、白芝麻、黑芝麻、亚麻子、南瓜子和杏仁片，将所有材料混合均匀，放烤盘备用。

2. 将蛋黄酱和黑胡椒混合均匀，放不锈钢盆中备用。

3. 将油浸金枪鱼和玉米粒混合均匀，放不锈钢盆中备用。

面包制作部分

1. 依次准备好金马日式面包粉、干酵母、膳食纤维素粉、盐、BourgeoisT170 黑小麦石磨粉，一起称。水、六谷和黄油单独称。

2. 将金马日式面包粉、干酵母、膳食纤维素粉、盐、BourgeoisT170 黑小麦石磨粉倒入水中，先慢速搅拌 2 分钟，再快速搅拌 8 分钟左右。

3. 打到面筋扩展后再加入黄油，慢速把黄油搅拌均匀，充分溶入面团。

4. 加入六谷，搅拌均匀。

5. 取出打好的面团放在烤盘上，放醒发箱发酵 40 分钟，温度设为 32℃，相对湿度设为 75%，体积是原来的两倍时拿出。

6. 将面团分割为 230 克一个。

7. 将面团收口整成圆形，依次放在烤盘上，放醒发箱，温度设为 32℃，相对湿度设为 75%，发酵 40 分钟后拿出。

8. 桌面撒点高筋粉，拿出一个放在桌面上，用手轻拍排气。

9. 从上收三分之一到中间，按紧。

10. 用手从上往下推压收口。

11. 从中间用力，均匀地往两边搓成一个长条状。

12. 将面团放在沾水的毛巾上，表面沾水。

13. 将面团表面粘上六谷。

14. 将面团依次放在烤盘上，放醒发箱，温度设为 32℃，相对湿度设为 75%，发酵 40
    分钟后用条纹纸撒上高筋粉。然后进炉，上火设为 230℃，下火设为 210℃，时间设
    为 15 分钟，并按蒸汽 3 秒。

15. 出炉后震盘拿出。

16. 依次准备好黑椒蛋黄酱、有机生菜、金枪鱼玉米馅和大孔芝士。

17. 将面包从侧下方切开，抹上黑椒蛋黄酱。

18. 先放上有机生菜，然后放金枪鱼玉米馅。

19. 最后放上大孔芝士。

20. 黑麦芥末金枪鱼。

黑麦青瓜风味火腿

烘烤标准

 上火 230℃ | 下火 210℃ | 时间 14 分钟 | 蒸汽 3 秒

装饰粉

原材料	重量
金马日式面包粉	200 克
孜然粉	20 克

芥末蛋黄酱

原材料	重量
蛋黄酱	200 克
粗粒芥末籽	20 克

黑椒蛋黄酱

原材料	重量
蛋黄酱	200 克
黑胡椒	5 克

主面团

原材料	重量
金马日式面包粉	800 克
BourgeoisT170 黑小麦石磨粉	200 克
膳食纤维素粉	40 克
黑麦酸面种	100 克
低钠盐	15 克
新鲜酵母 / 干酵母	16 克 / 8 克
水	700 克
黄油	20 克
小茴香	6 克

面团制作

慢速搅拌	2 分钟
快速搅拌	6 分钟
出缸面温	25℃
面团分割	230 克
发酵温度	32℃
发酵湿度	75%

酱料和装饰部分

1. 将蛋黄酱和粗粒芥末籽混合均匀，放不锈钢盆中备用。
2. 将金马日式面包粉和孜然粉混合均匀，放不锈钢盆中备用。

面包制作部分

 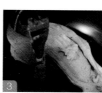 

1. 依次准备好金马日式面包粉、干酵母、膳食纤维素粉、盐、BourgeoisT170 黑小麦石磨粉，一起称。水、小茴香和黄油单独称。
2. 将除黄油外的所有材料倒入面缸中，先慢速搅拌 2 分钟，再快速搅拌 6 分钟左右。
3. 打到面筋扩展后再加入黄油，慢速把黄油搅拌均匀，充分溶入面团。
4. 取出打好的面团放在烤盘上，放醒发箱发酵 40 分钟，温度设为 32℃，相对湿度设为 75%，体积是原来的两倍时拿出。
5. 将面团分割为 230 克一个。
6. 将面团收口整成圆形，依次放在烤盘上，放醒发箱，温度设为 32℃，相对湿度设为 75%，发酵 40 分钟后拿出。
7. 桌面撒点高筋粉，拿出一个放在桌面上，用手轻拍，排出三分之一的气体。
8. 从上收三分之一到中间，按紧。

9. 从下收三分之一到中间，按紧。

10. 用手从上往下推压收口。

11. 从中间用力，均匀地往两边搓成一个长条状。

12. 将面团依次放在烤盘上，放醒发箱，温度设为 32℃，相对湿度设为 75%，发酵 40 分钟。

13. 面团表面撒上高筋粉。然后进炉，上火设为 230℃，下火设为 210℃，时间设为 14 分钟，并按蒸汽 3 秒。

14. 出炉后震盘拿出。

15. 依次准备好芥末蛋黄酱、有机生菜、新鲜番茄片、布拉格风味火腿、酸青瓜、大孔芝士和新鲜洋葱丝。

16. 将面包从侧下方切开，抹上芥末蛋黄酱。

17. 摆上有机生菜和番茄片。

18. 摆上布拉格风味火腿和酸青瓜。

19. 最后放上洋葱丝和大孔芝士。

20. 黑麦青瓜风味火腿。

黑麦青柠三文鱼

烘烤标准

上火	下火	时间	蒸汽
230℃	210℃	14分钟	3秒

酱料部分

柠檬蛋黄酱

原材料	重量
蛋黄酱	200 克
青柠汁	10 克
黄柠檬丝	10 克

1. 准备好蛋黄酱、青柠汁、黄柠檬丝，放不锈钢盆中备用。
2. 将所有材料混合，搅拌均匀。

面包制作部分

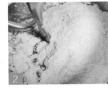

主面团

原材料	重量
金马日式面包粉	800 克
BourgeoisT170 黑小麦石磨粉	200 克
膳食纤维素粉	40 克
黑麦酸面种	100 克
低钠盐	15 克
新鲜酵母 / 干酵母	16 克 / 8 克
水	700 克
黄油	20 克

面团制作

慢速搅拌	2 分钟
快速搅拌	8 分钟
出缸面温	25℃
面团分割	230 克
发酵温度	32℃
发酵湿度	75%

1. 依次准备好金马日式面包粉、干酵母、膳食纤维素粉、盐、BurgeoisT170 黑小麦石磨粉和黑麦酸面种，一起称。水和黄油单独称。

2. 将除黄油外的所有材料倒入面缸中，先慢速搅拌 2 分钟，再快速搅拌 8 分钟左右。

3. 打到面筋扩展后再加入黄油，慢速把黄油搅拌均匀，充分溶入面团。

4. 取出打好的面团放在烤盘上，放醒发箱发酵 40 分钟，温度设为 32℃，相对湿度设为 75%，体积是原来的两倍时拿出。

5. 将面团分割为 230 克一个。

6. 将面团收口整成圆形，依次放在烤盘上，放醒发箱，温度设为 32℃，相对湿度设为 75%，发酵 40 分钟后拿出。

7. 桌面撒点高筋粉，拿出一个放在桌面上，用手轻拍，排出三分之一的气体。

8. 从上收三分之一到中间，按紧。

成品加工（个）

柠檬蛋黄酱
有机生菜
新鲜洋葱丝
大孔芝士
挪威烟熏三文鱼
新鲜小葱花碎

9. 从下收三分之一到中间，按紧。

10. 用手从一个方向推压收口。

11. 从中间用力，均匀地往两边搓成一个长条状。

12. 将面团依次放在烤盘上，放醒发箱，温度设为 32℃，相对湿度设为 75%，发酵 40 分钟后进炉，上火设为 230℃，下火设为 210℃，时间设为 14 分钟，并按蒸汽 3 秒。

13. 出炉后震盘拿出。

14. 依次准备好柠檬蛋黄酱、有机生菜、新鲜洋葱丝、大孔芝士、挪威烟熏三文鱼和新鲜小葱花碎。

15. 将面包从侧面切开，抹上芥末蛋黄酱。

16. 摆上有机生菜和挪威烟熏三文鱼。

17. 最后放上洋葱丝和大孔芝士，并撒上小葱花碎。

18. 黑麦青柠三文鱼。

黑麦洋葱烤培根

烘烤标准

🔥 上火 220℃ | 🔥 下火 210℃ | 🕐 时间 14分钟 | 🍃 蒸汽 3秒

表面装饰

帕玛臣芝士粉	

蛋黄酱

原材料	重量
蛋黄酱	200 克

洋葱烤培根

原材料	重量
培根碎	660 克
洋葱丝	220 克
黑胡椒	12 克
孜然粉	20 克

主面团

原材料	重量
金马日式面包粉	800 克
BourgeoisT170 黑小麦石磨粉	200 克
膳食纤维素粉	40 克
黑麦酸面种	100 克
低钠盐	15 克
新鲜酵母 / 干酵母	16 克 /8 克
水	700 克
黄油	20 克

面团制作

慢速搅拌	2 分钟
快速搅拌	6 分钟
出缸面温	25℃
面团分割	230 克
发酵温度	32℃
发酵湿度	75%

酱料和装饰部分

1. 准备好帕玛臣芝士粉，放烤盘上备用。
2. 准备好蛋黄酱，放不锈钢盆中备用。
3. 准备好培根碎、洋葱丝、黑胡椒和孜然粉，放不锈钢盆中备用。
4. 将所有材料混合均匀，进炉烘烤，上火设为 200℃，下火设为 180℃，时间设为 12 分钟（先烘烤 7 分钟，翻盘再烤 5 分钟）。

面包制作部分

1. 依次准备好金马日式面包粉、干酵母、膳食纤维素粉、盐、BourgeoisT170 黑小麦石磨粉和黑麦酸面种，一起称。水和黄油单独称。
2. 将除黄油外的所有材料倒入面缸中，先慢速搅拌 2 分钟，再快速搅拌 6 分钟左右。
3. 打到面筋扩展后再加入黄油，慢速把黄油搅拌均匀，充分溶入面团。
4. 取出打好的面团放在烤盘上，放醒发箱发酵 40 分钟，温度设为 32℃，相对湿度设为 75%，体积是原来的两倍时拿出。
5. 将面团分割为 230 克一个。
6. 将面团收口整成圆形，依次放在烤盘上，放醒发箱，温度设为 32℃，相对湿度设为 75%，发酵 40 分钟后拿出。
7. 桌面撒点高筋粉，拿出一个放在桌面上，用手轻拍排气。
8. 从上收三分之一到中间，按紧。

9. 从下收三分之一到中间，按紧。

10. 用手从一个方向推压收口。

11. 从中间用力，均匀地往两边搓成一个长条状，表面沾水。

12. 将面团表面粘上芝士粉。

13. 将面团依次放在烤盘上，放醒发箱，温度设为32℃，相对湿度设为75%，发酵40
    分钟后进炉，上火设为230℃，下火设为210℃，时间设为14分钟，并按蒸汽3秒。

14. 出炉后震盘拿出。

15. 依次准备好蛋黄酱、有机生菜、新鲜番茄片、大孔芝士、洋葱烤培根和酸青瓜。

16. 将面包从侧下方切开，抹上蛋黄酱。

17. 摆上有机生菜和番茄片。

18. 放上酸青瓜和洋葱烤培根。

19. 最后放上大孔芝士。

20. 黑麦洋葱烤培根。

阿拉丁

烘烤标准

🔥 上火 240℃ | 🔥 下火 190℃ | 🕐 时间 18分钟 | 💨 蒸汽 2秒

馅料部分

蜜桃芝士馅

原材料	重量
爱克斯奎萨奶油芝士	200克
卡士达酱	150克
细砂糖	100克
焙萨蜜桃果馅	250克

1. 准备好奶油芝士、卡士达酱、细砂糖、焙萨蜜桃果馅，放不锈钢盆中备用。

2. 将奶油芝士与细砂糖混合拌匀。

3. 加入焙萨蜜桃果馅和卡仕达酱，搅拌均匀。

4. 蜜桃芝士馅。

主面团

原材料	重量
白燕特级高筋粉	1000 克
膳食纤维素粉	40 克
细砂糖	70 克
低钠盐	8 克
汤种	100 克
新鲜酵母 / 干酵母	24 克 / 12 克
水	720 克
提子干	50 克
蔓越莓干	50 克
黄油	30 克

面团制作

慢速搅拌	2 分钟
快速搅拌	8 分钟
出缸面温	25℃
面团分割	230 克
发酵温度	32℃
发酵湿度	75%

面包制作部分

1. 依次准备好高筋粉、干酵母、膳食纤维素粉、盐、汤种和细砂糖，一起称。水、提子干、蔓越莓干和黄油单独称。

2. 将高筋粉、干酵母、膳食纤维素粉、盐、汤种和细砂糖倒入水中，先慢速搅拌 2 分钟，再快速搅拌 8 分钟左右。

3. 打到面筋扩展后再加入黄油，慢速把黄油搅拌均匀，充分溶入面团。

4. 将面团分为 1400 克的大面团和 500 克的小面团。

5. 将提子干和蔓越莓干加入大面团中，搅拌均匀后取出。

6. 取出打好的面团放在烤盘上，放醒发箱发酵 40 分钟，温度设为 32℃，相对湿度设为 75%，体积是原来的两倍时拿出。

7. 有果干的面团分为 200 克一个，无果干的面团分为 50 克一个。放醒发箱，温度设为 32℃，相对湿度设为 75%，发酵 40 分钟后拿出。

8. 提前将 50 克的面团搓成长条备用，用手轻拍有果干的面团，排出三分之一的气体，将蜜桃芝士馅装入裱花袋中，挤在面团中间。

9. 收口成橄榄形，并将收口底部朝下。

10. 将提前做好的长条面团放在橄榄形面团上，两边头部分别收到橄榄形面团下面。

11. 用剪刀将面团剪成如图所示的形状。

12. 将面团放在垫有高温布的网盘架上，进入醒发箱，温度设为 32℃，相对湿度设为 75%，发酵 40 分钟后拿出。

13. 在面团表面撒上高筋粉，进炉，上火设为 230℃，下火设为 190℃，时间设为 18 分钟，并按蒸汽 2 秒。

14. 出炉后震盘拿出。

巴黎风情

烘烤标准

🔥 上火 240℃ | 🔥 下火 190℃ | 🕐 时间 18分钟 | 🌀 蒸汽 2秒

巴黎风情馅

原材料	重量
奶油芝士	200 克
细砂糖	100 克
蔓越莓干	100 克

馅料部分

 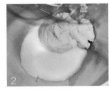  

1. 准备好奶油芝士、蔓越莓干和细砂糖，放不锈钢盆中备用。
2. 将奶油芝士与细砂糖混合拌匀。
3. 加入蔓越莓干，搅拌均匀。
4. 巴黎风情馅。

主面团

原材料	重量
白燕特级高筋粉	1000 克
膳食纤维素粉	40 克
细砂糖	70 克
低钠盐	8 克
汤种	100 克
新鲜酵母／干酵母	26 克 /13 克
水	700 克
黄油	30 克

面团制作

慢速搅拌	2 分钟
快速搅拌	8 分钟
出缸面温	25℃
面团分割	180 克和 70 克
发酵温度	32℃
发酵湿度	75%

面包制作部分

1. 依次准备好高筋粉、干酵母、膳食纤维素粉、盐、汤种和细砂糖，一起称。水和黄油单独称。

2. 将除黄油外的所有材料倒入面缸中，先慢速搅拌 2 分钟，再快速搅拌 8 分钟左右。

3. 打到面筋扩展后再加入黄油，慢速把黄油搅拌均匀，充分溶入面团。

4. 将打好的面团分为 1300 克的大面团和 500 克的小面团。

5. 将大面团和小面团收圆，放在烤盘上，放醒发箱发酵 40 分钟，温度设为 32℃，相对湿度设为 75%，体积是原来的两倍时拿出。

6. 将 1300 克的面团分为 180 克一个，500 克的面团分为 70 克一个。

7. 所有面团全部收圆，依次放到烤盘上。进醒发箱，温度设为 32℃，相对湿度设为 75%，发酵 40 分钟后拿出。

8. 取出 180 克的面团，用手轻拍排气。

9. 将巴黎风情馅装入裱花袋中，挤在面团中间。

10. 从头开始收起，最终收成橄榄形。

11. 将 70 克面团用擀面杖擀成椭圆形面皮，并在表面刷上油。

12. 将橄榄形面团放到刷油的面皮上，并将两边收口收紧。

13. 将面团放在垫有高温布的网盘架上，进入醒发箱，温度设为 32℃，相对湿度设为 75%，发酵 40 分钟后用条纹纸撒上高筋粉。

14. 在面团表面有间隔地划 6 刀（划完后的形状如图所示），进炉，上火设为 240℃，下火设为 190℃，时间设为 18 分钟，并按蒸汽 2 秒。

15. 出炉后震盘拿出。

博士图软法

烘烤标准

🔥 上火 240℃ | 🔥 下火 190℃ | 🕐 时间 18分钟 | ☁ 蒸汽 2秒

主面团

原材料	重量
白燕特级高筋粉	1000 克
膳食纤维素粉	40 克
细砂糖	70 克
低钠盐	8 克
汤种	100 克
新鲜酵母 / 干酵母	24 克 / 12 克
水	720 克
提子干	50 克
蔓越莓干	50 克
黄油	30 克

面团制作

慢速搅拌	2 分钟
快速搅拌	8 分钟
出缸面温	25℃
面团分割	200 克和 125 克 ×2
发酵温度	32℃
发酵湿度	75%

面包制作部分

1. 依次准备好高筋粉、干酵母、膳食纤维素粉、盐、汤种和细砂糖，一起称。水、提子干、蔓越莓干和黄油单独称。

2. 将高筋粉、干酵母、膳食纤维素粉、盐、汤种和细砂糖倒入水中，先慢速搅拌 2 分钟，再快速搅拌 8 分钟左右。

3. 打到面筋扩展后再加入黄油，慢速把黄油搅拌均匀，充分溶入面团。

4. 将打好的面团分为 1400 克的大面团和 500 克的小面团。

5. 将切碎的提子干和蔓越莓干加入 1400 克的大面团中，搅拌均匀。

6. 取出打好的面团放在烤盘上，放醒发箱发酵 40 分钟，温度设为 32℃，相对湿度设为 75%，体积是原来的两倍时拿出。

7. 将 1400 克的面团分为 200 克一个，500 克的面团分为 25 克一个，将所有面团收圆。

8. 用手轻拍小面团排气，并将其搓成长条。

9. 所有面团依次放到烤盘上。进醒发箱，温度设为 32℃，相对湿度设为 75%，发酵 40 分钟后拿出。

10. 拿出长条面图，继续搓长，并将两个长条交叉缠绕一起。

11. 将 200 克的面团收成橄榄形，倒放在缠绕在一起的长条面团上。

12. 再翻转过来，调整形状。

13. 将面团放在垫有高温布的网盘架上，进入醒发箱，温度设为 32℃，相对湿度设为 75%，发酵 40 分钟后拿出。

14. 在面团表面撒上高筋粉，并在表面划刀（如图所示）。划完刀后进炉，上火设为 240℃，下火设为 190℃，时间设为 18 分钟，并按蒸汽 2 秒。

15. 出炉后震盘拿出。

法式修酪

烘烤标准

| 上火 240℃ | 下火 190℃ | 时间 18分钟 | 蒸汽 2秒 |

主面团

原材料	重量
白燕特级高筋粉	1000 克
膳食纤维素粉	40 克
细砂糖	70 克
低钠盐	8 克
汤种	100 克
新鲜酵母 / 干酵母	24 克 / 12 克
水	720 克
提子干	50 克
蔓越莓干	50 克
黄油	30 克

面团制作

慢速搅拌	2 分钟
快速搅拌	8 分钟
出缸面温	25℃
面团分割	180 克和 70 克
发酵温度	32℃
发酵湿度	75%

面包制作部分

1. 依次准备好高筋粉、干酵母、膳食纤维素粉、盐、汤种和细砂糖，一起称。水、提子干、蔓越莓干和黄油单独称。

2. 将高筋粉、干酵母、膳食纤维素粉、盐、汤种和细砂糖倒入水中，先慢速搅拌 2 分钟，再快速搅拌 8 分钟左右。

3. 打到面筋扩展后再加入黄油，慢速把黄油搅拌均匀，充分溶入面团。

4. 将打好的面团分为 1400 克的大面团和 500 克的小面团。

5. 将切碎的提子干和蔓越莓干加入 1400 克的大面团中，搅拌均匀。

6. 取出打好的面团放在烤盘上，放醒发箱发酵 40 分钟，温度设为 32℃，相对湿度设为 75%，体积是原来的两倍时拿出。

7. 分割面团，1400 克的面团分为 180 克一个，500 克的面团分为 70 克一个。将 180 克的面团尽量调整成正方形，70 克的面团收圆，依次放在烤盘上，进醒发箱，温度设为 32℃，相对湿度设为 75%，发酵 40 分钟后拿出。

8. 70 克的面团用擀面杖擀成面皮，并在表面刷上大豆油。

9. 用手轻拍 180 克的面团，排气。

10. 将 180 克的面团按图示对折，最后调整成正方形。

11. 将 180 克的面团放到刷油的面皮上，并用面皮包住。

12. 将包好的面团翻转过来，放在垫有高温布的网盘架上，进入醒发箱，温度设为 32℃，相对湿度设为 75%，发酵 40 分钟后拿出。

13. 在面团表面撒上高筋粉，并在表面划刀，先划十字刀口中的横刀口，再划竖刀口。

14. 再在所分的四个区域中划刀口（如图所示），划完刀后进炉，上火设为 240℃，下火设为 190℃，时间设为 18 分钟，并按蒸汽 2 秒。

15. 出炉后震盘拿出。

粉色恋人

烘烤标准

| 🔥 上火 230℃ | 🔥 下火 190℃ | 🕐 时间 8分钟 | 🍶 蒸汽 2秒 |

馅料部分

粉色恋人馅

原材料	重量
奶油芝士	200克
细砂糖	100克
草莓干	100克

1. 准备好奶油芝士、草莓干、细砂糖，放不锈钢盆中备用。
2. 将奶油芝士与细砂糖混合拌匀后加草莓干，再次搅拌均匀。
3. 粉色恋人馅。

主面团

原材料	重量
白燕特级高筋粉	1000 克
膳食纤维素粉	40 克
细砂糖	70 克
低钠盐	8 克
汤种	100 克
新鲜酵母 / 干酵母	26 克 / 13 克
水	650 克
草莓果馅	150 克
黄油	20 克
焙萨特级草莓粉	50 克

面团制作

慢速搅拌	2 分钟
快速搅拌	8 分钟
出缸面温	25℃
面团分割	230 克
发酵温度	32℃
发酵湿度	75%

面包制作部分

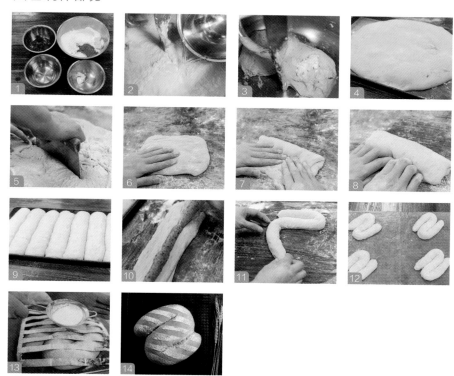

1. 依次准备好高筋粉、干酵母、膳食纤维素粉、焙萨特级草莓粉、盐、汤种和细砂糖，一起称。水、草莓果馅和黄油单独称。

2. 将除黄油外的所有材料倒入面缸中，先慢速搅拌 2 分钟，再快速搅拌 8 分钟左右。

3. 打到面筋扩展后再加入黄油，慢速把黄油搅拌均匀，充分溶入面团。

4. 将打好的面团放在烤盘上，进醒发箱发酵 40 分钟，温度设为 32℃，相对湿度设为 75%，体积是原来的两倍时拿出。

5. 把面团分割为 230 克一个。

6. 桌面撒点高筋粉，把面团拿出来，用手轻拍排气。

7. 从上收三分之一到中间，按紧。

8. 再从上向下收口。

9. 从中间用力，均匀地往两边搓成一个长条状，依次放在烤盘上，放醒发箱发酵，温度设为 32℃，相对湿度设为 75%，40 分钟后拿出。

10. 用手轻拍，排出三分之一的气体，并将粉色恋人馅装在裱花袋中，挤在面团中间。

11. 收口依次收紧，形成一个圆柱形。

12. 最后将面团调整成图中所示的形状，放在垫有高温布的网盘架上，进入醒发箱，温度设为 32℃，相对湿度设为 75%，发酵 40 分钟后拿出。

13. 用条纹纸在面团表面撒上高筋粉，进炉，上火设为 230℃，下火设为 190℃，时间设为 8 分钟，并按蒸汽 2 秒。

14. 出炉后震盘拿出。

可可芝士

烘烤标准

上火 | 下火 | 时间 | 蒸汽
230℃ | 190℃ | 8分钟 | 2秒

可可芝士馅

原材料	重量
细砂糖	50 克
奶油芝士	200 克
卡仕达酱	250 克
可可粉	20 克

可可酥粒

原材料	重量
黄油	100 克
细砂糖	200 克
低粉	200 克
可可粉	20 克

主面团

原材料	重量
白燕特级高筋粉	1000 克
可可粉	20 克
膳食纤维素粉	40 克
细砂糖	80 克
低钠盐	8 克
汤种	100 克
新鲜酵母 / 干酵母	24 克 /12 克
水	720 克
黄油	20 克

面团制作

慢速搅拌	2 分钟
快速搅拌	8 分钟
出缸面温	22℃
面团分割	230 克
发酵温度	32℃
发酵湿度	75%

馅料和装饰部分

1. 准备好奶油芝士、卡仕达酱、细砂糖和可可粉，放不锈钢盆中备用。
2. 将奶油芝士与细砂糖混合拌匀。
3. 加入卡仕达酱和可可粉，搅拌均匀。
4. 可可芝士馅。
5. 准备好黄油、可可粉、细砂糖和低筋粉，放不锈钢盆中备用。
6. 将所有材料混合，用手抓均匀。
7. 可可酥粒。

面包制作部分

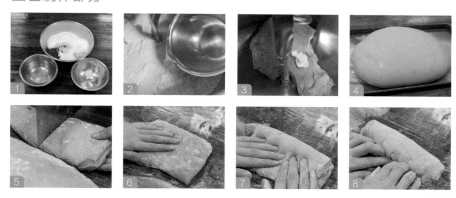

1. 依次准备好高筋粉、可可粉、干酵母、膳食纤维素粉、盐、汤种和细砂糖，一起称。水和黄油单独称。
2. 将除黄油外的所有材料倒入面缸中，先慢速搅拌 2 分钟，再快速搅拌 8 分钟左右。
3. 打到面筋扩展后再加入黄油，慢速把黄油搅拌均匀，充分溶入面团。
4. 将打好的面团放在烤盘上，进醒发箱发酵 40 分钟，温度设为 32℃，相对湿度设为 75%，体积是原来的两倍时拿出。
5. 把面团分割为 230 克一个。
6. 桌面撒点高筋粉，把面团拿出来，用手轻拍，排出三分之一的气体。
7. 从上收三分之一到中间，按紧。
8. 从上向下收口，与底部合紧。

9. 从中间用力，均匀地往两边搓成一个长条状，依次放在烤盘上，放醒发箱发酵，温度设为32℃，相对湿度设为75%，40分钟后拿出。

10. 桌面撒点高筋粉，将面团放在桌面上，用手轻拍排气，并将可可芝士馅装在裱花袋中，挤在面团中间。

11. 收口依次收紧，结尾处留出一小段，用擀面杖擀平。

12. 最后在结尾处把开头收进来，包好形成一个圆环形。

13. 将面团表面沾水。

14. 面团表面均匀地粘上可可酥粒。

15. 将面团放在垫有高温布的网盘架上，进入醒发箱，温度设为32℃，相对湿度设为75%，发酵40分钟后进炉，上火设为230℃，下火设为190℃，时间设为8分钟，并按蒸汽2秒。

16. 出炉后震盘拿出。

兰姆葡萄乳酪

烘烤标准

🔥 上火 230℃ | 🔥 下火 190℃ | 🕐 时间 8分钟 | 💨 蒸汽 2秒

兰姆芝士馅

原材料	重量
爱克斯奎萨奶油芝士	200 克
卡士达酱	100 克
细砂糖	50 克
蔓越莓干	100 克

馅料部分

1. 准备好奶油芝士、细砂糖和蔓越莓干，放不锈钢盆中备用。
2. 将奶油芝士与细砂糖混合拌匀。
3. 加入蔓越莓干，搅拌均匀。
4. 兰姆芝士馅。

主面团

原材料	重量
白燕特级高筋粉	1000 克
膳食纤维素粉	40 克
细砂糖	70 克
低钠盐	8 克
汤种	100 克
新鲜酵母 / 干酵母	26 克 /13 克
水	720 克
提子干	100 克
黄油	20 克

面团制作

慢速搅拌	2 分钟
快速搅拌	8 分钟
出缸面温	25℃
面团分割	230 克
发酵温度	32℃
发酵湿度	75%

面包制作部分

1. 依次准备好高筋粉、干酵母、膳食纤维素粉、盐、汤种和细砂糖，一起称。水、朗姆提子干和黄油单独称。
2. 将朗姆酒倒入切碎的提子干中，浸泡 10 分钟左右。
3. 将高筋粉、干酵母、膳食纤维素粉、盐、汤种和细砂糖倒入水中，先慢速搅拌 2 分钟，再快速搅拌 8 分钟左右。
4. 打到面筋扩展后再加入黄油，慢速把黄油搅拌均匀，充分溶入面团。
5. 加入朗姆提子干，搅拌均匀。
6. 将打好的面团放在烤盘上，进醒发箱发酵 40 分钟，温度设为 32℃，相对湿度设为 75%，体积是原来的两倍时拿出。
7. 把面团分割为 230 克一个。
8. 桌面撒点高筋粉，把面团拿出来，用手轻拍，排出三分之一的气体。

9. 从上收三分之一到中间，按紧。

10. 从上向下收口，与底部合紧。

11. 从中间用力，均匀地往两边搓成一个长条状，依次放在烤盘上，放醒发箱发酵，温度设为 32℃，相对湿度设为 75%，40 分钟后拿出。

12. 桌面撒点高筋粉，将面团放在桌面上，用手轻拍排气。

13. 并将兰姆芝士馅装在裱花袋中，挤在面团中间。

14. 收口依次收紧。

15. 将面团交叉缠绕，收成图中所示形状，放在垫有高温布的网盘架上，进入醒发箱，温度设为 32℃，相对湿度设为 75%，发酵 40 分钟后拿出。

16. 用条纹纸撒上高筋粉，进炉，上火设为 230℃，下火设为 190℃，时间设为 8 分钟，并按蒸汽 2 秒。

17. 出炉后震盘拿出。

丽香伯爵

烘烤标准

🔥 上火 240℃ | 🔥 下火 190℃ | ⏱ 时间 18分钟 | 🍃 蒸汽 2秒

主面团

原材料	重量
白燕特级高筋粉	1000 克
膳食纤维素粉	40 克
细砂糖	70 克
低钠盐	8 克
汤种	100 克
新鲜酵母 / 干酵母	24 克 / 12 克
水	720 克
提子干	50 克
蔓越莓干	50 克
黄油	30 克

面包制作部分

 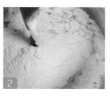  

1. 依次准备好高筋粉、干酵母、膳食纤维素粉、盐、汤种和细砂糖，一起称。水、提子干、蔓越莓干和黄油单独称。
2. 将高筋粉、干酵母、膳食纤维素粉、盐、汤种和细砂糖倒入水中，先慢速搅拌 2 分钟，再快速搅拌 8 分钟左右。
3. 打到面筋扩展后再加入黄油，慢速把黄油搅拌均匀，充分溶入面团。
4. 将打好的面团分为 1400 克的大面团和 500 克的小面团。

5. 将切碎的提子干和蔓越莓干加入 1400 克的大面团中，搅拌均匀。
6. 取出打好的面团放在烤盘上，放醒发箱发酵 40 分钟，温度设为 32℃，相对湿度设为 75%，体积是原来的两倍时拿出。
7. 将带果干的面团分为 200 克一个，不带果干的面团分为 25 克一个。
8. 将 200 克的面团收圆。
9. 用手轻拍 25 克的小面团排气，并从上收三分之一到中间，按紧。
10. 用手从一个方向推压收口，从中间用力，均匀地往两边搓成一个长条状。
11. 所有面团依次放到烤盘上。进醒发箱，温度设为 32℃，相对湿度设为 75%，发酵 40 分钟后拿出。
12. 桌面撒点高筋粉，用手轻拍带果干的面团排气。
13. 将带果干的面团收成橄榄形，收口朝下。
14. 用手轻拍不带果干的面团排气，并将其编成一条辫子。

面团制作

慢速搅拌	2 分钟
快速搅拌	8 分钟
出缸面温	25℃
面团分割	200 克和 25 克 ×3
发酵温度	32℃
发酵湿度	75%

15. 将收成橄榄形的面团放在编好的辫子上。

16. 辫子两边收口朝中间对折，并合紧收口。

17. 将面团翻转过来，放在垫有高温布的网盘架上，进入醒发箱，温度设为 32℃，相对湿度设为 75%，发酵 40 分钟后拿出。

18. 在面团表面撒上高筋粉，并在两边侧面划刀，两边一致（如图所示）。划完刀后进炉，上火设为 240℃，下火设为 190℃，时间设为 18 分钟，并按蒸汽 2 秒。

19. 出炉后震盘拿出。

艺术装饰
面包制作

包面类

榴梿刺猬

烘烤标准

🔥 上火 230℃ | 🔥 下火 200℃ | 🕐 时间 8分钟 | 蒸汽 2秒

馅料部分

榴梿奶露馅

原材料	重量
榴梿奶露	150克
奶油芝士	100克
细砂糖	100克
D24 榴梿果肉	200克

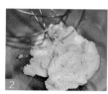

1. 准备好奶油芝士、榴梿奶露、细砂糖和 D24 榴梿果肉，放不锈钢盆中备用。
2. 将奶油芝士与细砂糖混合拌匀。
3. 加入榴梿奶露、加入 D24 榴梿果肉，搅拌均匀。
4. 榴梿奶露馅。

面包制作部分

主面团

原材料	重量
白燕特级高筋粉	1000克
膳食纤维素粉	40克
细砂糖	70克
低钠盐	8克
汤种	100克
水	500克
新鲜酵母 / 干酵母	26克 / 13克
黄油	20克
焙萨榴梿奶露	150克
抹茶粉	10克

1. 依次准备好高筋粉、干酵母、膳食纤维素粉、盐、汤种和细砂糖，一起称。水、焙萨榴梿奶露、抹茶粉和黄油单独称。
2. 将高筋粉、干酵母、膳食纤维素粉、盐、汤种、细砂糖、水和榴梿奶露混合，先慢速搅拌 2 分钟，再快速搅拌 8 分钟左右。
3. 打到面筋扩展后再加入黄油，慢速把黄油搅拌均匀，充分溶入面团。
4. 取出打好的面团，分出 560 克出来，其余面团收圆放烤盘。
5. 将抹茶粉加入 560 克的面团中，搅拌均匀。
6. 将打好的面团放在烤盘上，进醒发箱发酵 40 分钟，温度设为 32℃，相对湿度设为 75%，体积是原来的两倍时拿出。
7. 将抹茶面团分为 70 克一个，并收成圆形。
8. 将白色面团分为 180 克一个，也收成圆形。

面团制作

慢速搅拌	2 分钟
快速搅拌	8 分钟
出缸面温	25℃
面团分割	180 克和 70 克
发酵温度	32℃
发酵湿度	75%

9. 将所有面团依次放到烤盘上，进醒发箱发酵，温度设为 32℃，相对湿度设为 75%，40 分钟后拿出。

10. 桌面撒点高筋粉，用手轻拍白色面团排气，并将榴梿奶露馅装在裱花袋中，挤在面团中间。

11. 将面团收口，调整成橄榄形。

12. 将抹茶面团擀成椭圆形，并将橄榄形面团放在上面。

13. 收口依次收紧。

14. 将面团放在垫有高温布的网盘架上，进入醒发箱，温度设为 32℃，相对湿度设为 75%，发酵 40 分钟后拿出。

15. 在面团表面撒上高筋粉，划斜刀，并依次用剪刀剪个小口。

16. 进炉，上火设为 230℃，下火设为 200℃，时间设为 8 分钟，并按蒸汽 2 秒。

17. 出炉后震盘拿出。

杧果多多

烘烤标准

馅料部分

杜果多多馅

原材料	重量
奶油芝士	250 克
细砂糖	100 克
焙萨杜果果馅	300 克

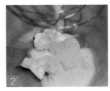

1. 准备好奶油芝士、焙萨杜果果馅和细砂糖，放不锈钢盆中备用。

2. 将奶油芝士与细砂糖混合拌匀。

3. 加入焙萨杜果果馅，搅拌均匀。

4. 杜果多多馅。

面包制作部分

主面团

原材料	重量
白燕特级高筋粉	1000 克
杜果果馅	150 克
膳食纤维素粉	40 克
细砂糖	80 克
低钠盐	8 克
汤种	100 克
新鲜酵母 / 干酵母	24 克 /12 克
水	650 克
杜果干	100 克
耐烘烤巧克力豆	50 克

面团制作

慢速搅拌	2 分钟
快速搅拌	8 分钟
出缸面温	25℃
面团分割	200 克和 50 克
发酵温度	32℃
发酵湿度	75%

1. 依次准备好高筋粉、干酵母、膳食纤维素粉、盐、汤种和细砂糖，一起称。水、杜果果馅、杜果干和耐烘烤巧克力豆单独称。

2. 将高筋粉、干酵母、膳食纤维素粉、盐、汤种、细砂糖、水和杜果果馅倒入面缸中，先慢速搅拌 2 分钟，再快速搅拌 8 分钟左右。

3. 加入杜果干和耐烘烤巧克力豆，搅拌均匀。

4. 取出打好的面团，将其分为 1600 克和 400 克两部分。

5. 将面团放在烤盘上，进醒发箱发酵 40 分钟，温度设为 32℃，相对湿度设为 75%，体积是原来的两倍时拿出。

6. 将大面团分为 200 克一个，用手轻拍，排出三分之一的气体。

7. 从上收三分之一到中间，按紧。

8. 从中间用力，均匀地往两边搓成一个长条状。

9. 将小面团分为 50 克一个，收口成圆形。

10. 将所有面团依次放到烤盘上，进醒发箱发酵，温度设为 32℃，相对湿度设为 75%，40 分钟后拿出。

11. 桌面撒点高筋粉，用手轻拍圆形面团，排出三分之一的气体，并将芒果多多馅装在裱花袋中，挤在面团中间。

12. 将面团收口，调整成圆形。

13. 桌面撒点高筋粉，用手轻拍长条面团排气。

14. 将杧果多多馅挤在长条面团中间，最后留出 5 厘米。

15. 收口依次收紧，最后合成一个圆环，将收口处捏紧。

16. 将圆形面团放在圆环中间，放在垫有高温布的网盘架上，进入醒发箱，温度设为 32℃，相对湿度设为 75%，发酵 40 分钟后拿出。

17. 在面团表面撒上高筋粉，并在圆形面团中间剪十字口。

18. 在圆环形面团上依次剪开一点小口，进炉，上火设为 230℃，下火设为 190℃，时间设为 8 分钟，并按蒸汽 2 秒。

19. 出炉后震盘拿出。

杧果芝士结

馅料部分

杞果芝士馅	
原材料	重量
奶油芝士	200 克
细砂糖	50 克
焙萨杞果馅	200 克
卡仕达酱	100 克

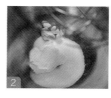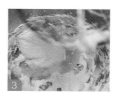

1. 准备好奶油芝士、焙萨杞果馅、细砂糖和卡仕达酱，放不锈钢盆中备用。
2. 将奶油芝士与细砂糖混合拌匀。
3. 加入焙萨杞果馅和卡仕达酱，搅拌均匀。
4. 杞果芝士馅。

面包制作部分

主面团	
原材料	重量
白燕特级高筋粉	1000 克
杞果果馅	100 克
膳食纤维素粉	40 克
细砂糖	70 克
低钠盐	8 克
汤种	100 克
新鲜酵母 / 干酵母	24 克 / 12 克
水	650 克
黄油	20 克
杞果干	100 克

面团制作	
慢速搅拌	2 分钟
快速搅拌	8 分钟
出缸面温	25℃
面团分割	230 克
发酵温度	32℃
发酵湿度	75%

1. 依次准备好高筋粉、干酵母、膳食纤维素粉、盐、汤种和细砂糖，一起称。水、杞果果馅、杞果干和黄油单独称。
2. 将高筋粉、干酵母、膳食纤维素粉、盐、汤种、细砂糖、水和杞果果馅倒入面缸中，先慢速搅拌 2 分钟，再快速搅拌 8 分钟左右。
3. 打到面筋扩展后再加入黄油，慢速把黄油搅拌均匀，充分溶入面团。
4. 加入杞果干，搅拌均匀。
5. 将面团放在烤盘上，进醒发箱发酵 40 分钟，温度设为 32℃，相对湿度设为 75%，体积是原来的两倍时拿出。
6. 把面团分割为 230 克一个。
7. 用手轻拍面团，排出三分之一的气体。
8. 从上收三分之一到中间，按紧。

9. 从一个方向收口，接口合紧，收口朝下。

10. 从中间用力，均匀地往两边搓成一个长条状。

11. 将面团依次放到烤盘上，进醒发箱发酵，温度设为32℃，相对湿度设为75%，40分钟后拿出。

12. 桌面撒点高筋粉，用手轻拍面团，排出三分之一的气体。

13. 并将杧果芝士馅装在裱花袋中，挤在面团中间。

14. 将面团收口合紧。

15. 将面团的一边先打一个结，并穿过绕一圈。

16. 另一边也同样如此，两个结之间要间隔点距离。

17. 将调整好形状的面团放在垫有高温布的网盘架上，进入醒发箱，温度设为32℃，相对湿度设为75%，发酵40分钟后拿出。

18. 在面团表面撒上高筋粉，进炉，上火设为240℃，下火设为190℃，时间设为9分钟，并按蒸汽2秒。

19. 出炉后震盘拿出。

抹茶蜗牛卷

烘烤标准

| 🔥 上火 230℃ | 🔥 下火 190℃ | 🕐 时间 8分钟 | 🍃 蒸汽 2秒 |

榴莲奶露馅

原材料	重量
奶油芝士	200 克
卡仕达酱	300 克
糖渍红豆	100 克

馅料部分

 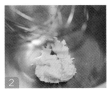 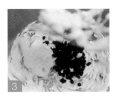 

1. 准备好奶油芝士、卡仕达酱和糖渍红豆,放不锈钢盆中备用。
2. 先将奶油芝士搅打均匀。
3. 加入卡仕达酱和糖渍红豆,搅拌均匀。
4. 抹茶芝士馅。

面包制作部分

主面团

原材料	重量
白燕特级高筋粉	1000 克
膳食纤维素粉	40 克
抹茶粉	20 克
细砂糖	70 克
低钠盐	8 克
汤种	100 克
新鲜酵母 / 干酵母	24 克 /12 克
水	750 克
黄油	20 克

面团制作

慢速搅拌	2 分钟
快速搅拌	5 分钟
出缸面温	25℃
面团分割	230 克
发酵温度	32℃
发酵湿度	75%

1. 依次准备好高筋粉、干酵母、膳食纤维素粉、盐、汤种、抹茶粉和细砂糖，一起称。水和黄油单独称。

2. 将高筋粉、干酵母、膳食纤维素粉、盐、汤种、抹茶粉和细砂糖倒入水中，先慢速搅拌 2 分钟，再快速搅拌 5 分钟左右。

3. 打到面筋扩展后再加入黄油，慢速把黄油搅拌均匀，充分溶入面团。

4. 将面团放在烤盘上，进醒发箱发酵 40 分钟，温度设为 32℃，相对湿度设为 75%，体积是原来的两倍时拿出。

5. 将面团分割为 230 克一个。

6. 用手轻拍面团，排出三分之一的气体。

7. 从上收三分之一到中间，按紧。

8. 再从上面收到下面。

9. 从中间用力，均匀地往两边搓成一个长条状，长度约 40 厘米。

10. 将面团依次放到烤盘上，进醒发箱发酵，温度设为 32℃，相对湿度设为 75%，40 分钟后拿出。

11. 桌面撒点高筋粉，用手轻拍面团，排出三分之一的气体。

12. 并将抹茶芝士馅装在裱花袋中，挤在面团中间。

13. 将面团从头开始收紧。

14. 收完口，将面团盘成蜗牛的形状。

15. 将调整好形状的面团放在垫有高温布的网盘架上，进入醒发箱，温度设为 32℃，相对湿度设为 75%，发酵 40 分钟后拿出。

16. 用条纹纸在面团表面撒上高筋粉，进炉，上火设为 230℃，下火设为 190℃，时间设为 8 分钟，并按蒸汽 2 秒。

17. 出炉后震盘拿出。

抹茶幸运环

烘烤标准

| 上火 230℃ | 下火 190℃ | 时间 8分钟 | 蒸汽 2秒 |

馅料和装饰部分

抹茶芝士馅

原材料	重量
奶油芝士	200 克
糖渍红豆	100 克
卡仕达酱	300 克

  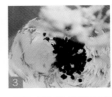 

1. 准备好奶油芝士、卡仕达酱和糖渍红豆，放不锈钢盆中备用。
2. 先将奶油芝士搅打均匀。
3. 加入卡仕达酱和糖渍红豆，搅拌均匀。
4. 抹茶芝士馅。
5. 准备好淡奶油、炼乳和高筋粉，放不锈钢盆中备用。
6. 将所有材料混合，搅打均匀。
7. 雪花皮。

雪花皮

原材料	重量
淡奶油	100 克
炼乳	100 克
高筋粉	100 克

面包制作部分

主面团

原材料	重量
白燕特级高筋粉	1000 克
膳食纤维素粉	40 克
抹茶粉	20 克
细砂糖	70 克
低钠盐	8 克
汤种	100 克
新鲜酵母 / 干酵母	24 克 /12 克
水	750 克
黄油	20 克

面团制作

慢速搅拌	2 分钟
快速搅拌	5 分钟
出缸面温	25℃
面团分割	230 克
发酵温度	32℃
发酵湿度	75%

 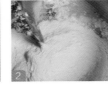  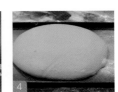

1. 依次准备好高筋粉、干酵母、膳食纤维素粉、盐、汤种、抹茶粉和细砂糖，一起称。水和黄油单独称。
2. 将高筋粉、干酵母、膳食纤维素粉、盐、汤种、抹茶粉和细砂糖倒入水中，先慢速搅拌 2 分钟，再快速搅拌 5 分钟左右。
3. 打到面筋扩展后再加入黄油，慢速把黄油搅拌均匀，充分溶入面团。
4. 将面团放在烤盘上，进醒发箱发酵 40 分钟，温度设为 32℃，相对湿度设为 75%，体积是原来的两倍时拿出。
5. 将面团分割为 230 克一个。
6. 用手轻拍面团，排出三分之一的气体。
7. 从上收三分之一到中间，按紧。
8. 再从上面收到下面。

9. 从中间用力，均匀地往两边搓成一个长条状，长度约 40 厘米。

10. 将面团依次放到烤盘上，进醒发箱发酵，温度设为 32℃，相对湿度设为 75%，40 分钟后拿出。

11. 桌面撒点高筋粉，用手轻拍面团，排出三分之一的气体。

12. 并将抹茶芝士馅装在裱花袋中，挤在面团中间。

13. 将面团从头开始收紧，结尾处留出 4 厘米。

14. 将面团收成一个圆环形，并把收口收紧。

15. 将调整好形状的面团放在垫有高温布的网盘架上，进入醒发箱，温度设为 32℃，相对湿度设为 75%，发酵 40 分钟后拿出。

16. 面团表面撒上高筋粉，并将雪花皮挤在面团上（如图所示）。然后进炉，上火设为 230℃，下火设为 190℃，时间设为 8 分钟，并按蒸汽 2 秒。

17. 出炉后震盘拿出。

养生全麦核桃

烘烤标准

馅料部分

养生奶酪馅

原材料	重量
爱克斯奎萨奶油芝士	100 克
卡士达酱	150 克
细砂糖	50 克
提子干碎	50 克

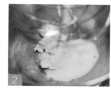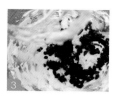

1. 准备好奶油芝士、卡士达酱、细砂糖和提子干碎，放不锈钢盆中备用。
2. 将奶油芝士与细砂糖混合拌匀。
3. 再加入卡仕达酱和提子干碎，搅拌均匀。
4. 养生奶酪馅。

面包制作部分

主面团

原材料	重量
白燕特级高筋粉	800 克
膳食纤维素粉	40 克
细砂糖	70 克
低钠盐	8 克
汤种	100 克
新鲜酵母 / 干酵母	24 克 / 12 克
水	700 克
熟核桃碎	100 克
黄油	20 克
全麦粉	200 克

面团制作

慢速搅拌	2 分钟
快速搅拌	8 分钟
出缸面温	25℃
面团分割	230 克
发酵温度	32℃
发酵湿度	75%

1. 依次准备好高筋粉、全麦粉、干酵母、膳食纤维素粉、盐、汤种和细砂糖，一起称。水、熟核桃碎和黄油单独称。
2. 将高筋粉、全麦粉、干酵母、膳食纤维素粉、盐、汤种和细砂糖倒入水中，先慢速搅拌 2 分钟，再快速搅拌 8 分钟左右。
3. 打到面筋扩展后再加入黄油，慢速把黄油搅拌均匀，充分溶入面团。
4. 加入熟核桃碎，搅拌均匀。
5. 将面团放在烤盘上，进醒发箱发酵 40 分钟，温度设为 32℃，相对湿度设为 75%，体积是原来的两倍时拿出。
6. 将面团分割为 230 克一个。
7. 将面团收口，整成圆形，依次放在烤盘上，中间要有间隔。
8. 进醒发箱，温度设为 32℃，相对湿度设为 75%，发酵 40 分钟后拿出。
9. 用手轻拍面团，排出一些气体。
10. 将养生奶酪馅装在裱花袋中，挤在面团中间（不要挤太多）。
11. 将面团调整成橄榄形，放在垫有高温布的网盘架上，进入醒发箱，温度设为 32℃，相对湿度设为 75%，发酵 40 分钟后拿出。
12. 面团表面撒上高筋粉，并干净利落地划 2 刀，中间要有间隔（如图所示）。然后进炉，上火设为 240℃，下火设为 190℃，时间设为 12 分钟，并按蒸汽 2 秒。
13. 出炉后震盘拿出。

紫番薯

烘烤标准

🔥 上火 230℃ | 🔥 下火 200℃ | ⏱ 时间 8分钟 | 蒸汽 2秒

紫薯果芝士馅

原材料	重量
奶油芝士	250 克
细砂糖	50 克
紫薯泥块	300 克
紫薯粉	300 克

馅料和装饰部分

1. 准备好奶油芝士、紫薯泥块和细砂糖，放不锈钢盆中备用。
2. 将奶油芝士与细砂糖混合拌匀。
3. 再加入紫薯泥块，搅拌均匀。
4. 紫薯芝士馅。
5. 提前准备好紫薯粉，放不锈钢盆中备用。
6. 紫薯洗干净去皮，并切成小块。
7. 将紫薯块放网筛上蒸 25 分钟左右。

主面团

原材料	重量
白燕特级高筋粉	1000 克
膳食纤维素粉	40 克
细砂糖	80 克
低钠盐	10 克
汤种	100 克
新鲜酵母 / 干酵母	24 克 /12 克
水	550 克
熟紫薯泥	400 克
黄油	20 克

面包制作部分

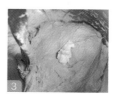

1. 依次准备好高筋粉、干酵母、膳食纤维素粉、盐、汤种和细砂糖，一起称。水、熟紫薯泥和黄油单独称。
2. 将除黄油外的所有材料倒入面缸中，先慢速搅拌 2 分钟，再快速搅拌 8 分钟左右。
3. 打到面筋扩展后再加入黄油，慢速把黄油搅拌均匀，充分溶入面团。
4. 将面团放在烤盘上，进醒发箱发酵 40 分钟，温度设为 32℃，相对湿度设为 75%，体积是原来的两倍时拿出。

面团制作

慢速搅拌	2 分钟
快速搅拌	8 分钟
出缸面温	25℃
面团分割	230 克
发酵温度	32℃
发酵湿度	75%

5. 将面团分割为 230 克一个。

6. 将面团收口，整成圆形，依次放在烤盘上，进醒发箱，温度设为 32℃，相对湿度设为 75%，发酵 40 分钟后拿出。

7. 用手轻拍面团，排出一些气体。

8. 将紫薯芝士馅装在裱花袋中，挤在面团中间，下面留下一段不挤。

9. 将面团收口收紧，并调整成橄榄形。

10. 将面团表面沾水。

11. 将面团表面粘上紫薯粉。

12. 将面团放在垫有高温布的网盘架上，进入醒发箱，温度设为 32℃，相对湿度设为 75%，发酵 40 分钟后进炉，上火设为 230℃，下火设为 200℃，时间设为 8 分钟，并按蒸汽 2 秒。

13. 出炉后震盘拿出。

常见问题解答

关于一些基本问题

麦淇淋和玛淇淋有什么区别？

麦淇淋和玛淇淋是同一个东西，英文即 margarine，因为采用音译，所以会有两种叫法，麦淇淋就是人造黄油。

吐司怎样才能拉丝？

制作吐司时将面团擀长，卷出多层次，再重复一次这个步骤，两次后层次很明显，便于拉丝。

冷冻面团一般可以用几天？

冷冻面团建议 3 天内用完，用多少拿多少，之后剩下的可做老面使用，面团冷冻的时间越长，酵母活性也会越差。

菠萝包为什么刷蛋黄而不是全蛋液？

因为要烤出很金黄的颜色，所以需要通过刷蛋黄来加深表面颜色。

新鲜酵母和干酵母哪个好？

使用干酵母发面比较稳定，但是在发面的风味上稍逊一筹；如果使用新鲜酵母，其发面风味很好，但是其冷藏保存的条件太苛刻，保质期不会很长。

老面怎么储存？可以用多久？

老面可直接用保鲜膜包起来，放冷冻室，第二天用的时候拿出来提前解冻，然后和黄油一起加进去。

为什么刷完蛋液后面包烤出来会有小气泡在上面？

刷蛋液手法太重，烤出来就有气泡，注意手法。

关于称料的问题

首先，称材料是制作面包的第一个环节，也是最重要的，因为这个环节出错，后期将无法补救，称料可以大致分为干粉类、液体类、油脂类和辅料类四类。

干粉类：高筋粉、低筋粉、细砂糖、奶粉、水果粉、蔬菜粉、改良剂、膳食纤维等。

液体类：水、冰块、牛奶、鸡蛋、蛋黄、奶油等。

油脂类：黄油等。

辅料类：各种颗粒坚果、谷物、果脯果干等。

关于和面的问题

为什么做鲜橙杬果软欧时，里面的橙皮丁要最后加进去？

如果前期加入，颗粒会影响面筋网格的形成，面团难和好。

软欧面包与甜面包的和面有什么区别？

软欧的面团相对含水量大，和面要过些。

面种加主面有什么比例?

常用比例是 10%~20%,具体则要根据不同产品的风味来决定用量。

如果老面将加入面团里面,加多大比例比较合适?

一般加到不超过 20% 为好,具体则要看老面是否发酸以及所搭配的口味。

如何控制打面打出来的温度?比如面温会比较偏高?

夏天气温比较高时,配方中水可按照 6 : 4 或 7 : 3 的比例替换成冰块和面。冬天可以加温水,然后打面不要一直开快速,先慢速,后快速,这样面团温度不会偏高。

是不是所有欧式面包的面团都打到像软欧面包一样?

这个要根据不同国家的产品、系列以及不同面粉来区分,简单地解释就是,中餐也有八大系,风味各不相同,欧式面包也是一样,要进行层层区分。这部分知识可以通过专业进修或者技术慢慢沉淀来获得。

面包打面出来的温度是多少度?

一般打面出来的面团温度在 22 ~ 25℃最佳,可选用探针温度计测量。

如果打面的面温高了怎么办?如何进行冬天、夏天打面的温度控制?

如果是气温高一般通过加冰块来调节温度,冬天通过加温水来调节。

和面是用快速还是慢速?

可先用慢速,把面粉搅拌均匀后再开快速,无论用厨师机还是和面机,和面多时,刚开始不要开快速,会让面粉溢出来。

打面如果打过了会怎么样?

面打过了,面会很粘手,面包烤出来会有点塌。

关于面团整形的问题

面团在整形时形状坏了怎么办?

这个问题一般多出现在新手入门阶段,所以建议经过专业的培训,如果出现问题,也可以将面团揉圆,放一边松弛 15 分钟左右,再操作一次。最好做到一次成形。

关于发酵的问题

面包怎么样才算是发酵好了?

具体发到原体积的 2.5 倍大小左右。

关于软欧面包三次发酵时间的工艺是什么样的?

软欧面包一般通过三次发酵:第一次,打完面可称为基础松弛发酵;第二次,分割面团后可称为基础整形发酵;第三次,可称为成品整形发酵。

家用烤箱没带发酵功能可以做面包吗?

发酵面团有两个必要的条件:温度与湿度,可以找个相对密封的橱柜,最好带网架,下面放盆热水,然后关好门。

刚开始不会看或者看不出来面包是否发到 2.5 倍大小怎么办?

可以用指尖轻轻按下面团,然后看到一个小洞,既不下塌,也不弹起就好了。

关于装饰的问题

为什么软欧面包烤前要筛面粉？

起到装饰面包的作用，有划刀的可以防粘。

面包那些好看的图案是怎样做的？

很多图案可以自行设计并剪出来，在面团烘烤前将图形放在表面，撒粉装饰。

关于烘烤的问题

家用烤炉没蒸汽怎么办？可以烤软欧面包吗？

可以烤软欧面包，烤箱温度达到时，用喷壶往烤箱喷水，再将面包放入，只是在成品上没有商用配套的烤箱那么好。

用不同蔬菜粉、水果粉制作软欧面包，面包烤出来就是相应的颜色吗？

是的，但烤出来会有点差别，烘烤时要特别注意面火，不要烤焦了，那样颜色会比较难看。

平炉和风炉有什么区别？

拿晒衣服做比较，平炉像用太阳晒衣服，风炉是用电吹风把衣服吹干，平炉是通过上下导热管热循环加热烘烤，风炉是通过里面的风扇＋导热管热循环风干烘烤，平炉一般烤面包、蛋糕多，风炉烤酥类面包、饼干比较多。

做面包时烤炉温度都是一样吗？

要根据不同的烤箱来确定，而且烘烤方法有时在不同的设备与环境下需要灵活变通，如果发现底火高了，可降5～10℃，低了就升，学会举一反三。

面包上面为什么要喷蒸汽？

面包烘烤前喷蒸汽大多数用在软欧面包上，喷蒸汽的目的是为了防止面包在进炉时过早结皮，有效地让面包在炉内充分膨胀，让面包的表面淀粉糊化，充分焦化，这样可以让烤出来的面包表皮有光泽。

关于成品的问题

为什么有时候烤出来的面包会收缩？

原因有以下几个方面：①选用的面粉筋道不够，面团面筋网络不能充分形成；②面粉中有过多的 α-淀粉酶，加上面包改良剂中的 α-淀粉酶，使发酵中淀粉过度降解，没办法支撑；③面团发酵过度，使得面团过软。

关于补救的问题

软欧面团打过了怎么办？

万一出现打过了的情况，①可以通过翻面多一次发酵工艺，产生膨胀，让面团弹性口感恢复；②再配一份加进去打，第二次注意不要打过。

关于面包操作过程中水加多加少的补救方法？

水如果加多了，一开始就加高筋粉来补救；如果水少了就在后面适当加水。

为什么制作吐司发酵后的面团会开裂？

原因有以下几个方面：①打面的时候面筋没打到位，面筋没充分扩展；②整形整得太紧；③发酵的环境湿度不够，太干。

艺术装饰面包鉴赏

01 艺术装饰面包鉴赏（撒粉类）

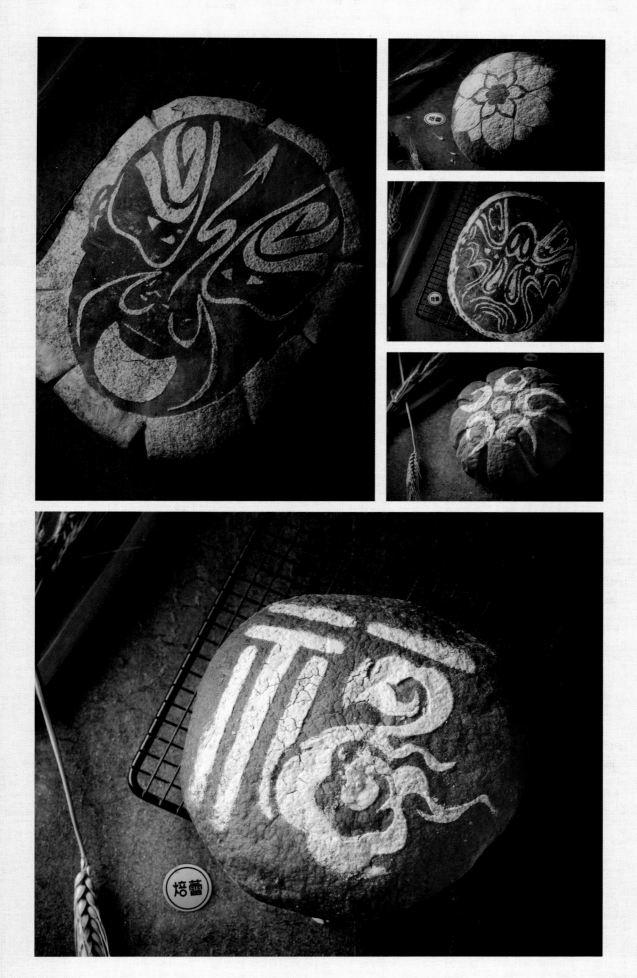

广州焙萨食品有限公司

专业生产高品质软欧面包辅料，果馅，果粉，巧克力酱

焙萨微信

BEIZZA®

菠萝果粉/果馅

鲜橙果馅

大麦蔬菜粉

蓝莓果馅

香蕉奶露

草莓果馅

巧克力酱

榴梿奶露

榴梿水果粉

杧果果馅奶露/果粉

百香果水果粉

蜜桃果馅